少年趣味科学丛书

U0742255

# 奇妙的 计算机

的

QI MIAO DE JI SUAN JI

詹以勤 主编

沈宁华 著

广西科学技术出版社

**图书在版编目（CIP）数据**

奇妙的计算机 / 沈宁华著. — 南宁：广西科学技术出版社，2012.6（2020.6 重印）

（少年趣味科学丛书）

ISBN 978-7-80619-783-7

Ⅰ．①奇… Ⅱ．①沈… Ⅲ．①电子计算机—少年读物 Ⅳ．① TP3-49

中国版本图书馆 CIP 数据核字（2012）第 141826 号

少年趣味科学丛书

**奇妙的计算机**

沈宁华　著

| | | | |
|---|---|---|---|
| **责任编辑**　赖铭洪 | | **封面设计**　叁壹明道 | |
| **责任校对**　陈业槐 | | **责任印制**　韦文印 | |

**出 版 人**　卢培钊

**出版发行**　广西科学技术出版社

（南宁市东葛路 66 号　邮政编码 530023）

**印　　刷**　永清县晔盛亚胶印有限公司

（永清县工业区大良村西部　邮政编码 065600）

**开　　本**　700mm×950mm　1/16

**印　　张**　11.875

**字　　数**　155 千字

**版　　次**　2012 年 6 月第 1 版

**印　　次**　2020 年 6 月第 4 次印刷

**书　　号**　ISBN 978-7-80619-783-7

**定　　价**　23.80 元

# 代序　致 21 世纪的主人

钱三强

　　时代的航船已进入 21 世纪，这个时期，对我们中华民族的前途命运来说，是个关键的历史时期。现在10岁左右的少年儿童，到那时就是驾驭航船的主人，他们肩负着特殊的历史使命。为此，我们现在的成年人都应多为他们着想，为把他们造就成 21 世纪的优秀人才多尽一份心，多出一份力。人才成长，除了主观因素外，客观上也需要各种物质的和精神的条件，其中，能否源源不断地为他们提供优质图书，对于少年儿童，在某种意义上说，是一个关键性条件。经验告诉人们，一本好书往往可以造就一个人，而一本坏书则可以毁掉一个人。我几乎天天盼着出版界利用社会主义的出版阵地，为我们 21 世纪的主人多出好书。广西科学技术出版社在这方面做出了令人欣喜的贡献。他们特邀我国科普创作界的一批著名科普作家，编辑出版了大型系列化自然科学普及读物——《少年科学文库》（以下简称《文库》）。《文库》分"科学知识"、"科技发展史"和"科学文艺"三大类，约计100种。现在科普读物已有不少，而《文库》这批读物特有魅力，主要表现在观点新、题材新、角度新和手法新，内容丰富、覆盖面广、插图精美、形式活泼、语言流畅、通俗易懂，富于科学性、可读性、趣味性。因此，说《文库》

是开启科技知识宝库的钥匙，缔造21世纪人才的摇篮，并不夸张。《文库》将成为中国少年朋友增长知识、发展智慧、促进成长的亲密朋友。

亲爱的少年朋友们，当你们走上工作岗位的时候，呈现在你们面前的将是一个繁花似锦、具有高度文明的时代，也是科学技术高度发达的崭新时代。现代科学技术发展速度之快、规模之大、对人类社会的生产和生活产生影响之深，都是过去无法比拟的。我们的少年朋友，要想胜任驾驶时代的航船，就必须从现在起努力学习科学，增长知识，扩大眼界，认识社会和自然发展的客观规律，为建设有中国特色的社会主义而艰苦奋斗。

我真诚地相信，在这方面，《文库》将会为你们提供十分有益的帮助。同时我衷心地希望，你们一定为当好21世纪的主人，知难而进、锲而不舍，从书本、从实践吸取现代科学知识的营养，使自己的视野更开阔、思想更活跃、思路更敏捷，更加聪明能干，将来成长为杰出的人才，为中华民族的科学技术走在世界的前面，为中国迈入世界科技先进强国之林而奋斗。

亲爱的少年朋友们，祝愿你们奔向 21 世纪的航程充满闪光的成功之标。

# 这本书告诉我们什么

如果在 60 年前说，计算机（也称电脑）十分有趣，那只是对极少数人而言。当时的计算机不仅操作复杂而且价格昂贵，连一所著名的大学也买不起。计算机被锁在科学院或国家军事部门的深宅大院里，进行着复杂且机密的计算工作。操纵计算机的计算机专家写的命令像天书一样，常人难以理解。

但是如今，一个人如果说不知道电脑，不免羞于出口。多媒体电脑的出现，使电脑步入了寻常百姓家。电脑一改原来的形象，不仅能进行科学计算，还能说会唱，成为小朋友亲密的伙伴。

互联网的发展，使远在天边的朋友近在咫尺。通过电脑轻松地聊天，共同游戏；医生通过互联网能为偏远山区的病人化验、诊断，甚至开刀手术；宇航员通过互联网在太空中就像在商场里一样，为家人选购节日的礼物……

电脑进入了我们生活的各个领域。著名的体育运动员请电脑作教练，创造新的世界记录；音乐家用电脑创作出新奇的乐曲；美术家在电脑的协助下，绘出前所未有的画面；电脑制作的卡通片、电影特技使观众大饱眼福……

这本小书展现的仅仅是一幅丰富多彩的电脑风景画，带领读者走马观花看一看，深入学习电脑还有很长的路。

说到这里，也许有的小朋友会问："学好电脑，需要些什么？"

需要很多很多，但是我认为想象力是最重要的。电脑发展之迅速，是人们想象不到的。在第一台电子管计算机出现时，有人预言世界上只要有4～5台这样的计算机就够了。但是现在看来这台计算机的功能只相当一个性能较好的小计算器。早期的计算机是通过穿孔纸带输入命令的，如今，我们只要对着电脑说一声开始，电脑就能工作；已经研制出能看懂人的眼神的电脑，只要你对电脑扬扬眉毛，电脑便知道你的意图；"心想事成"在电脑中已经实现，只要你在脑子里想，电脑就会执行你的命令；科学家已经开发出一种能和人脑直接连接在一起的电脑芯片，如果人脑和电脑直接连接，你就可以毫不费力地记住全世界的电话号码、使用多国语言、迅速地计算各种数据……

展开你想象的翅膀吧，"想象力比知识更重要！"世界著名的微软公司的研究人员对现在的电脑十分不满，他们指责电脑既聋又哑又瞎，主人生气了，旁边的电脑浑然不知；电脑不会像一个真正的秘书一样不时地提醒主人要做什么，人是电脑的仆人而不是电脑的主人……

电脑确实还很不完善，未来的电脑是什么样，你能想象出来吗？让我们一起来勾画那美好的未来吧！记住"心想事成"，也祝你"心想事成"！

沈宁华

# 目 录

发生在身边的故事 …………………………… （1）

计算机的童年 ………………………………… （10）

电脑缩身有术 ………………………………… （18）

软件不"软" …………………………………… （25）

取消键盘的"战斗" …………………………… （42）

电脑为啥记性好 ……………………………… （59）

互联网上故事多 ……………………………… （68）

幽灵肆扰信息社会 …………………………… （90）

纸币将要衰亡 ………………………………… （99）

方便、舒适多媒体 …………………………… （110）

虚拟现实做超人 ……………………………… （121）

太空"罗盘"不迷途 …………………………… （132）

电脑教练一丝不苟 …………………………… （139）

人人都是艺术家 ……………………………… （144）

大夫医术倍增器 ……………………………… （154）

电脑能战胜人脑吗 …………………………… （164）

计算机的未来 ………………………………… （173）

# 发生在身边的故事

## 电脑慰藉慈母心

20 岁的女儿接到了华盛顿大学的录取通知书，并获全额奖学金。这真是许多学生梦寐以求的事，但是这两天她的母亲却是寝食不安。孩子从小没有离开过父母，只身一人漂洋过海，没有亲人，写一封信要好几天才能到，打一个长途电话要好几十元。看来，以后听听女儿的声音都是不可能的，想着想着就哭起来了。

女儿回到家里，看到母亲忧伤的样子，轻轻地抱着妈妈，安慰地说："妈妈，别担心，到了美国，我每天都和你通信，和在家里一样。告诉你学校上的是什么课，我吃了几碗饭，睡得好不好，你还要知道些什么？我的体温，还是……"

"孩子！别安慰我啦，打几个越洋电话你就不要吃饭了。"妈妈打断了女儿的话。

"没有那么多，咱们通信一次，只比打一次市内电话的钱多一点，难道你连市内电话的钱都舍不得吗？"女儿故意逗着母亲。

"别骗我了！"

"谁骗你，我可以通过电子邮件和你通信，一次费用只有几毛钱。"

"这是真的吗？"母亲睁大了眼睛问。

"当然是真的！因为有了互联网，现在世界上有几千万人利用互联网传递信息，省时、省钱。发电子邮件和发一封信一样，写明收信人的地址和发信人的地址，通过市内电话线把计算机里的电子信件送到一个中转的站点，然后送到需要的地方，你就可以通过市内的电话线用计算机取出我发给你的电子信件了。所以我可以每天给你写信，你每天都能知道我的情况。这不和在家里一样么？"

"这是不是相当复杂，我能学会吗？"妈妈担心地说。

"不复杂，我在出国前把一切弄好，教你使用。"

时间过得真快，女儿出国的日期到了。当女儿乘的飞机在大洋彼岸降落后，母亲立即收到女儿的电子邮件。

"亲爱的妈妈：

我已经安全地到达华盛顿，是我的老师斯密特教授用车把我接到学校的，我现在暂时住在教授的家里，也是用教授的计算机发的电子邮件。一切很好！请家里放心。美国现在是黑夜，我要睡一会，倒时差。

永远爱你的女儿"

从此母亲每天两次用计算机打开她的电子信箱，就像打开门口的信箱一样。从电子邮件中，她确实知道了孩子的一切，包括孩子的饮食和活动等。有一天，做妈妈的真是喜出望外，她收到了女儿的一张相片，这张彩色相片显示在计算机的屏幕上，正对着妈妈微笑呢，孩子长胖了。

这张相片是怎样传递过来的呢？

原来，女儿先用普通照相机照了一张相片，然后用扫描仪输入到计算机里，这样就可以用电子邮件的方式传递过来了。

现在母亲最热衷的就是上互联网，真是天涯若比邻。她不知道要去感谢谁？如果可能的话，她一定会送一些礼物去给互联网。

## 怪病缠身的少女

北京一所著名大学的一名女生，突然病倒了，而且病情很严重。昨天还是一个活泼可爱又蹦又跳的女孩子，怎么会突然就昏迷不醒了呢？学校和家长都十分着急，立即把她送到北京最好的医院——协和医院。

为了挽救年轻的生命，协和医院组织了专家会诊，制定了治疗方案。但是十几天过去了，她仍然没有脱离昏迷状态。

此事传到了北京大学她的中学同学那里，几个同学聚在一起，关切地谈论着这件事情，相约一起去医院看望她。到了医院真使他们大吃一惊，不敢相信自己的眼睛。几天不见，自己的同窗好友竟面目全非了，她的头发全部脱落，躺在床上昏迷不醒。她在舞台上表演古琴的场面仿佛就在昨天，这是怎么了，怎么变成这样？谁也不知道病因，大夫说："再这样下去，就会变成植物人了。"

从医院回来，同学贝志城心急如焚，如何帮助她呢？应该请一位高明的大夫。但是协和医院在我国已经是顶尖的了，怎么办？怎么办？

贝志城想起陈跃松教授在课上讲的互联网，那时候，互联网在中国刚刚兴起，小贝对它还不太熟悉，但是他知道用互联网能向全世界的医生求救。他的想法也得到了教授和医院的支持，于是在陈教授的帮助下他把病人的病历、CT照片和其他资料发布互联网上。

令人惊喜的是当晚就从计算机上收到几十封网上的回信，第二天回信就更多了，有30％的网上医生认为是铊中毒。铊是一种少见的重金属，在我国从未发现过这样的病人，所以也难怪查不出病因。

病因知道了，就能对症下药，女学生的病情很快稳定下来，现在已经基本痊愈并在疗养中。

这是我国第一例通过互联网医病的例子，也受到国际的重视。为此，一些热心的医生在互联网上建立了一个虚拟医院，病人的病历发布到互联上，就可以得到医生的帮助。

就连世界芯片之王——INTEL 公司总裁安迪·格罗夫博士，在确知自己患前列腺癌后，也没有恐慌，而是首先想到到网络上去寻找必要的医疗信息。

## 不用看老师的脸色

小王在一家公司工作，工作得很好，收入也不错，可以算是白领阶层。但有一件事情使他十分烦恼，就是英文。他英文的口语还不错，讲日常用语，满有一套，但是专业英语不行，和外商谈起话来张口结舌。

于是他报名参加了一个英文业余学校，学习商贸英语。他想得很好，每天下班后，立即赶去上学。实际上根本不能实现，公司里不是加班就是出差，一期学习下来，没有上几次课。后来他又报名参加了另一个英文学习班，结果和上次一样，花了几千元，英语的水平却没有提高。

"还是请一个英文家庭教师吧！"别人这样建议。

"对！这样时间可以灵活掌握。"小王这样想。

但是，这样的情况经常出现：家庭教师已经坐在家里等着，一个电话打来，小王要陪一个重要客户吃饭，晚上的课只能免了。

有的时候，家庭教师家中的电话会在半夜响起来，电话里传来小王怯懦的声音，他很抱歉打扰了老师的睡眠，他实在不知道几个英语单词的正确发音，明天要见一个外国人，他正在准备发言稿。

这些事情真使小王烦恼透了，他需要一个呼之即来挥之即去的英文教师。有时他只需问一个字一句话，却要老师一直陪他到深夜甚至通宵。他换了一位又一位，没有一位家庭教师能达到他的要求。

一天，小王非常兴奋地回到家里，因为他请到了一位理想的"家庭教师"，费用很低，只收300元负责终身教育。

哪里有这样便宜的事？过去请家庭教师，一次就要300元，还要管饭吃。

原来他请的是一个电子教师，说清楚一点，就是买到了一张英语字典光盘，里面有20万条词汇，十多种专业英语，可以英汉、汉英双向查询，最可爱的是具有真人发声的功能，读音准确。

小王迫不及待地把光盘装入计算机的光盘驱动器里，一个美丽的画面在屏幕上出现了。画面上的一位女教师竟然开口说话了，她的小嘴一张一闭地发出柔和的声音，解释光盘的使用方法。她是那样的耐心，如果一遍没有听明白，她会再说一遍，态度总是那么和蔼可亲，永远不会厌烦，这真使小王着迷。

如果需要了解某一个英语单词的意义和读音，只要把这个英语单词通过键盘敲进去，屏幕上就会立即显示出它的中文涵义，并把这个单词读一遍，敲一下回车键会再读一遍，不断的击键，就会不断地读下去。

小王高兴得跳起来，以后不知道某一个单词的发音，就再也不用半夜去麻烦别人了，计算机可以毫无怨言地始终陪伴着他。

仔细研究起来，小王还发现这个软件的许多用途：它可以把整篇的汉语文章翻译成英语，也可以把英文文章翻译成汉语。虽然翻译得不很准确，但是在此基础上改起来就快得多了。

小王买了这张光盘后，英语水平提高得很快。他的最大感受是他从此不必怯声怯气的去问别人这个单词的读音了，他充满了自信。在这里，小王托我告诉读者，也请一位这样的"家庭教师"吧！

# 丢失稿件的纠纷

作家写书就怕丢失书稿。外交学院家属宿舍一场大火烧毁了许多东西，但是最令人心痛的是未发表的书稿。有人也许认为，书是自己写的，丢了重写不就行了吗！说得简单，真做起来就十分困难。

上海教育出版社退休职工沈金钊含辛茹苦多年，编纂了《多功能俄汉大词典》。1994 年 3 月 18 日，沈金钊与远东出版社签订了《多功能俄汉大词典》出版合同，并向出版社递交了 7000 多页书稿。一年后，该社在搬迁中不慎将书稿中"A"至"K"部分 2000 多页遗失。书稿丢了 1/3，这是一个多么巨大的损失啊！

重写似乎是不可能的，出版社与沈金钊就书稿遗失赔偿问题多次谈判，均未达成协议，只好闹到法庭上。沈金钊于 1995 年 8 月诉至上海徐汇区法院，要求出版社赔偿 20 万元。一审法院审理后判决远东出版社向沈金钊赔偿 17.4 万元。

远东出版社不服，又上诉至上海市第一中级人民法院。二审法院审理后认为，远东出版社遗失沈金钊书稿侵犯了沈的书稿所有权，但没有侵犯沈的著作权，故将一审中出版社赔偿金数额改判为 6.6 万元。

事情前后折腾了 3 年才有了结果。远东出版社向沈金钊支付违约赔偿金和稿件遗失损失费共计人民币 6.6 万元，既损失了钱，也伤了感情。

如果作家用计算机来写稿，这些问题就不会发生。在计算机里的文章可以无限制地复制，这可真不怕丢了。

计算机写作不仅不怕丢失，而且免去了抄稿寄稿的麻烦。只要把计算机通过调制解调器和电话线连起来，就可以把稿件传输出去。

就是邮寄，也只需寄磁盘就可以了，一张 3 寸磁盘可以容下 700 万字，多方便。

用计算机写作的最大优点是方便修改，一些著名作家的手稿十分工整，其实，都是重新抄过的，这要付出多么大的艰辛啊！而计算机修改起来痕迹全无，这是许多作家钟情于计算机写作的一个重要原因。

# 计算机的童年

## 东海乌贼的传说

万里长城和大运河是我国古代文明的象征，长城从西至东，在险峻起伏的崇山峻岭之间绵延数千千米；沟通南北的大运河，长达1700多千米。这些伟大的建筑，就是现在建设也要进行大量的测量、计算、设计，现在有计算机帮忙，古代人是怎样完成这些复杂计算和设计的呢？

我国古代的计算一开始不是用计数文字直接进行的，而是用算筹。在开始的时候，掰一些小树枝来计数，一根小树枝可以代表一头牲畜、一堆谷物等，在地上摆来摆去进行计算。后来树枝变成了竹制、铁制、骨制的小棍，外形整齐、规则。

相传，秦始皇外出的时候，身上经常佩带算袋，算袋里装着算筹。有一次秦始皇到东海巡视，算袋掉到海里，算袋变成了乌贼，体内白白的乌贼骨则是算筹变的。

秦始皇带算袋的习惯就和现代人随身带计算器一样。"运筹帷幄之中，决胜千里之外"是人们在谋划一件事情时常说的一句话。"运筹"在古代是移动筹码的意思。

古代人用这种算筹进行整数分数的加、减、乘、除、开方等各

种运算。例如：南北朝的数学家祖冲之用算筹进行了圆周率的计算。

算筹是中国人对计算方法的一大贡献，但是算筹使用的时候也有许多不便之处，如果计算复杂的问题，算筹摆了一大片，容易混乱。后来出现了算盘。

算盘究竟是谁发明的，现在无法查考。有的历史学家认为，算盘的名称最早出现于刘因（1249—1293）写的《静修先生文集》里，这是世界上最早的计算器。

# 圆规为什么一人高

1594 年，苏格兰的纳波尔发现了计算尺的原理，在电子计算机出现以前，科学工作者进行复杂的计算工作靠的主要是一把计算尺。

纳波尔所进行的工作是航海和天文方面的，经常和数字打交道，深知复杂的数字计算的艰难，他总想发明一种简单的方法。后来他提出对数的概念，使他一举成名。使用对数可以简化计算，把一个数变成对数后，就能把乘方、开方计算化为乘除运算，把乘除变成加减。这样一切计算都可以用加减来完成。但是关键是要知道某一个数的对数是什么。纳波尔编制了对数表，现在中学生每人书包里都有一本对数表。

查对数表是一件很麻烦的事，为了免去查对数表的麻烦。1620年，冈特发明了世界上第一个能进行乘除计算的计算尺。冈特发明的计算尺很简单，他把数字对应的对数刻在一个尺子上，尺子上的刻度是普通数，但是对应的长度是其对数的长度。为了精确，他在一根半人高约 60 厘米长的尺子上标上对数刻度，然后用两脚圆规去测量，再在尺子上相加。因为两个数相乘等于两个数的对数相加，用两脚圆规分别从计算尺上量出两个数对应的长度，在计算尺上相加，就可以直接读出两数的乘积，这样就免去查表的麻烦。后来，随着对计算精度的要求越来越高，尺子也越做越长。最后，有人建议改用一根约 2 米长的对数尺，用于测量的两脚圆规则要一人多高，很不方便。

1630 年，奥特雷德建议用两根可以彼此滑动的对数刻度尺进行计算。相加时拉动两个尺子，免去使用两脚圆规的麻烦，这就是现代计算尺的雏形。后来计算尺又经过许多人的改进，包括蒸汽机的发明人瓦特，他为了设计蒸汽机的需要改进了计算尺，他在尺座上加了一个有刻度的透明滑标，以便记住中间的计算结果，使计算更迅速、更方便。

到了 1850 年，计算尺的制造业才迅速地发展起来。在 20 世纪 70 年代之前，计算尺是工程师、科学家、大学生随身携带必不可少的计算工具。

## 孝顺儿子的发明

齿轮式的机械计算机首先是法国科学家帕斯卡发明的。

1623 年，帕斯卡出生，三岁那年他的母亲去世，帕斯卡的教育由父亲承担起来。帕斯卡的父亲是一位远近闻名的税务官和不太有名的数学家，他与许多物理学家、数学家有交往。为了使帕斯卡受到良好的教育，他们全家迁居巴黎，在父亲的悉心指导下，帕斯卡的才能很早就显露了出来。

帕斯卡 16 岁写出了《圆锥曲线论》一书，并在 1640 年出版。世人皆知的帕斯卡定律为流体力学的研究打下了基础。压强的国际单位——帕（帕斯卡）就是以他的名字命名的。

聪慧的帕斯卡看到父亲每天要统计大量的数据，常常彻夜不眠，因而萌生出发明一种机器替代手工计算的念头，这是他 19 岁时的事情。

为了实现他的理想，帕斯卡夜以继日地工作，最后终于制成了一个齿轮加法机。设计加法机并不简单，必须解决许多问题，例如，要把数字显示在面板上，加法机必须会进位，从 0～9 加到 10 时要进到十位，个位变成零等。

帕斯卡发明的计算机有 6 个小齿轮，齿轮表面标有数字 0～9，齿轮只能向一个方向转动，齿轮转动的时候，数字会在计算机的面板上发生变化。个位的齿轮转动一周，相邻的 10 位的齿轮转 1/10 周，这就是进位机构。现在录音机里或电度表的计数器就有类似的构造。

帕斯卡的机械计算机装在一个精致的黄铜盒子里：长约 40 厘米，宽约 15 厘米，高约 10 厘米。盒子的上盖上有读数的方孔，称为读窗。读窗的旁边有自己的小轮，旋转小轮便可以进行计算，向相反的方向旋转就可以进行减法计算。

发明虽然十分简单，但是在国内引起了轰动。在卢森堡宫展出的时候有许多人去参观，诗人还为它写了诗。过去人类认为思维是极其神秘的，而帕斯卡的观点是：人的某些思维与机械过程没有差别。这个观点对以后计算机的发展有很大影响。

帕斯卡发明的机械计算机至今仍保存在巴黎国立工业学院的博物馆中。


## 给中国皇帝的礼物


帕斯卡的机械计算机只能进行加减法。德国的数学家莱布尼茨对帕斯卡的加法计算机进行了彻底的改进，使它也能进行乘除。

莱布尼茨并没有事事亲自去做，也不可能自己去做，因为他设计的计算机十分精密，甚至在当时的德国找不到适当的工匠。莱布尼茨不得不迁居巴黎，找到一位手艺精湛的钟表师奥利韦。由莱布尼茨设计图样，奥利韦来完成制作。莱布尼茨的计算机极为精致，用起来十分轻快，不仅能进行乘除，而且可以乘方、开方。

莱布尼茨为制作自己设计的机器花费了大量的时间和金钱。他设计了新型齿轮使乘法一次完成，而不是通过多次加法。他为机械计算机的发明花费了 24000 塔列尔。

1673 年，莱布尼茨设计的计算机先后在巴黎、伦敦展出，由于他在计算机方面的出色工作，同年被选为英国皇家学会会员。

莱布尼茨在数学上有许多贡献，他提出了二进制的运算方法，对现代电子数字计算机的发展有极大的影响。有趣的是莱布尼茨认为二进制最早出现在中国的易经八卦上。1716 年，他在自己的论文《论中国的哲学》中有一节专门讨论了二进制和八卦的关系。易经是中国古代的占卜用书，它用两种符号"—""--"组成 64 个卦，这两种符号如果和二进制中的"0"和"1"对应的话是符合二进制原则的。

莱布尼茨曾经把他制造的计算机赠送给康熙皇帝。据考证，我国在 1687～1722 年自己设计制造了机械计算机，至今还在故宫里保存着 10 台手摇计算机。

## 早出生的天才

由于航海的需要，英国在 1766 年编制了一个世界航海表册。英国的数学家巴贝奇对这个航海表进行了研究，发现该表中有许多数据错误。船只是根据航海表来定位的，一个小的错误也许就会使整个船队覆没，应该重新制定。

编制航海表是一项浩大的工程，有复杂的计算，帕斯卡及莱布尼茨的机械计算机结构上比较简单，不能适应高级工作。巴贝奇决心自己制造一台能完成制表任务的计算机。

设计计算机的基本思想是把复杂的运算变为简单的运算，就像工厂里的分工一样。造飞机很复杂，但是把整个工作分成许多工序就会简单得多，数学计算也是这样。

法国数学家普罗奈就创造了数学分工的思想，用在计算三角函数表上。计算三角函数需要高深的数学知识，但是这样的人才很少，价钱很高。他把计算工作进行了分工：只让为数很少的数学家担任复杂艰深的计算工作，其他绝大多数的人进行简单的计算工作。普罗奈把计算人员分成3组，第一组由5～6位数学家组成，他们的任务是给出解析公式；第二组由9～10人组成，他们的任务是把公式变成易于处理的形式；公式传到第三组，这是人数最多的一组，由100多人组成，他们的任务就是按着第二组传下来的数据进行机械的加减计算。普罗奈在1784年，以短得惊人的时间提前完成了计算工作。

巴贝奇在这种分工思想的启发下，建立了计算机的数学原理：差分机的原理。

差分法可以把非常复杂的数学表达式变成简单的加减法。加减多了很麻烦，但是计算机擅长的就是不怕麻烦，只有化繁为简才能用机械运算。

过去帕斯卡的机械计算机没有记忆能力，每一个数据都要输入，计算结果立即显示出来。这种计算机不能连续工作。

巴贝奇发明的差分机能记忆3个5位数并进行运算、打印其结果。这就是现代计算机中"程序设计"思想的萌芽。他的计算机可以按照事先输入的程序自动地工作。不过巴贝奇还没有把程序从计算机中分离出来。程序和机器零件连在一起，修改程序十分麻烦。

现在的计算机程序和计算机是分离的，只有这样才能显示出计算机的巨大威力。

1823 年，巴贝奇从英国政府那里得到 1700 英镑的资助进行计算机的制造和改进。巴贝奇是一个科学家但不是一个好的工程师，他对生产和加工及费用的估算都缺乏经验，他画出的零件图加工精度要求很高，当时的生产技术不能完成。这样又不得不重新设计机械加工工具，原来的经费远远不足。

另外一个问题是他的思想极为活跃，头脑里不断地冒出新的思想和方案。每一个新方案出现时，他就修改设计。因为这确实是一个前无古人的新事物，没有东西可借鉴。刚刚想出记忆 3 个数的方案，能记忆 1000 个 50 位数字的新方案又冒出来了，新方案使经费激增。

在十年内，英国政府为巴贝奇耗尽了 1.7 万英镑的经费，他的银行家的父亲为计算机耗掉 1.3 万英镑的家产，但是巴贝奇的差分计算机样品仍然没有做出来。人们对计算机的热情开始减退，1842 年，英国政府停止了对巴贝奇的资助。这台未完成的差分计算机连同巴贝奇昼夜辛苦画出的与原物一样大的 2000 张图纸，一起送到皇家学会的博物馆中收藏起来，至今还陈列在伦敦南肯幸顿科学博物馆里。

巴贝奇似乎是一个失败者，其实并不是这样，只是他的创造远远地超前于他所处的时代，他是早出生了 100 年的计算机奇才。巴贝奇几乎预见了现代计算机所有的基本问题，而所有的这一切经过 100 年才实现。在现代人的眼里，他和一些最伟大的人物，如居里夫人、美国总统林肯等人齐名。

# 电脑缩身有术

## "笨老大"出世记

差不多过了一百年,巴贝奇的理想才实现。关键是机械计算机开始和电联姻。首先出现的是用电动力带动的机械计算机,后来又出现了机电计算机。机电计算机使用继电器来实现计数,但是速度缓慢的机电计算机很快就被电子管计算机所代替。

1946 年,美国宾夕法尼亚大学的莫克利博士和埃克特研制成功埃尼阿克(ENIAC)电子计算机。

埃尼阿克是一个庞然大物,只要它一工作,整个费城的灯光都要黯淡下去,它总重量有 30 吨,要一个大礼堂才能放下。肚子里装有 18000 支电子管,平均 7 分钟就有一个电子管损坏。它发热很大,如果当锅炉用,每小时就能烧开两吨水。

这台电子计算机在当时是世界上计算速度最快的计算机。每分钟数千次的运算速度,比当时最快的一种继电器式计算机快 1000倍。有人说,它比炮弹跑得还快,计算机足不出户,为什么这样说呢?

这是说它的脑子快,它计算一枚炮弹的速度只用 20 秒钟,而炮弹本身飞行的时间要 30 秒,这不是比炮弹还要快吗?只有比炮弹跑得快才能鉴定大炮的好坏，它为新型的大炮和导弹的研究进行技术鉴定，后来，这种计算机也用于研究氢弹。

当时，只有英、美两国制造了几台这样的机器，在大学或研究机关中使用。它的造价也太高了，一台要花费 200 万美元。有人预言全世界有四五台这样的计算机就够了。

## "换心术"

实际上计算机以很快的速度发展。首先是晶体管的出现。电子管发明后得到了广泛的应用，但是，它耗电高、体积大、价格贵、寿命短、易破碎。当时一台雷达要用 300～400 个电子管，而第一台电子数字计算机就有 18000 支电子管，平均每 7 分钟就有一支电子管损坏。这些缺点促使人们进一步去研究解决。

1948 年，美国贝尔实验室为一项新发明申请专利，同时该实验室的巴丁和布拉顿等科学家宣布，他们发现了新一代电子器件——晶体管。这一发明震惊了全世界，一种新的高效省电的电子器件诞生了。

其实，早在 100 多年前，科学家就发现了某些物质有某些特殊的导电性能，它们既不同于导体也不同于绝缘体，是介于导体和绝缘体之间的物质，所以称它为半导体。

从 1931 年到 1939 年，许多物理学家对半导体理论进行了研究。特别是德国的肖基特和英国的莫特提出的"扩散理论"，使晶体管的基础理论已经就绪，关键是如何把这些理论应用到实践中。

1947 年 11 月，巴丁和布拉顿在一块晶片表面安置了两根非常细的针，晶片的背面焊了一根很粗的金属丝，通过实验和检测，他们发现这是一个真正的晶体三极管。

晶体管向电子管全面的挑战已经开始了。晶体管不需要预热，晶体管收音机一打开就有声音，而电子管的要等上一两分钟。几百支晶体管所耗的电仅相当于一个电子管灯丝所需的电能。随着半导体工业的发展，晶体管开始全面地代替电子管，半导体技术得到了长足的发展。

第一台用晶体管取代电子管的计算机是 1954 年由美国贝尔实验室研制成功的，取名"TRADIC"，其中装了 800 个晶体管。经过"换心术"的计算机体积缩小到一个课桌大小，速度从每秒几千次增加到几十万次，寿命也延长了 1000 多倍。用晶体管做的计算机称为第二代计算机。

## 假日的收获

我们常说："永不满足，是发明的一个重要动力。"第二代计算机的体积虽然不及第一代计算机的 1‰，但是，人们希望它更小一些。

"如果能在导弹里装一个计算机该多好！导弹就打得更准。"这是空军的想法。

"如果能在汽车里装一台计算机该多好！汽车会更省油。"汽车制造商是这样想的。

……

1958 年，得克萨斯仪器公司的基尔比，接到国防部下达的任务——进行电子设备微型化研究。基尔比开始时认为小型化就是把电子器件尽量做小一点，器件之间的引线短一些。所以他费尽心机，研究如何把晶体管、电阻、电容尽量做得小一点，线路紧凑一些，封装在一个管壳里，但是屡屡碰壁。

基尔比为此十分苦恼，夏天来到了，许多同事到海滨去度假，基尔比也多么想躺在沙滩上，但是他不得不留在实验室里，冥思苦想着他的问题。后来他领悟到如果单纯地把元件做小，紧密的连接在一起，是不现实的。这不仅工艺复杂而且成本太高。他认为：创造出来的东西其价格必须能为人们所接受，工程学里包含着经济学。

当时已经出现印刷电路，印刷电路是用腐蚀的方法在附有绝缘板的铜箔上把电路刻画出来的。印刷电路可以节约大量的引线。一天，一个念头突然出现了，基尔比想："为什么不把所有的电路直接焊在半导体的基片上，这样可以省去原来晶体管的引线，使电路紧凑。"一个全新的方法出现了，他发明了固体电路，并申请了专利。

与此同时，仙童公司的诺伊斯也想到了类似的办法，他们干脆把晶体管、电阻、电容都做在一块硅片上，省去了大量的引线，这就是集成电路的出现。后来诺伊斯回忆这个发明的时候说："我发明集成电路，那是因为我是一个'懒汉'，当时曾考虑用导线连接电子元件太费事，我希望越简单越好。"

确实，这是一个好主意，在一块半导体基片上可以制作几十个、几百个甚至几百万个晶体管，大大缩小了体积。当仙童公司的诺伊斯制成了集成电路去申请专利的时候，发现基尔比比他早了半年。后来法院判决，集成电路的发明专利权属于基尔比，而关于集成电路的内部连接技术专利权属于诺伊斯。1961 年，他们两人一起获得"巴伦坦奖章"，这是美国对工程技术人员的最高奖。

1964 年，IBM 公司在美国 62 个城市和世界 40 个国家同时举行记者招待会，宣布采用集成电路制造出第三代计算机，成为轰动世界的一件大事。

# "小精灵"神通大

微软公司的总裁盖茨说过，制造埃尼阿克计算机花费了 200 万美元，它的能力现在用 200 美元就可以实现，也就是说埃尼阿克计算机现在只值不足 200 美元了。

在 60 年代末期，当诺伊斯在一次会议上宣布芯片计算机时代即将到来的时候，会议的代表都惊讶得目瞪口呆，其中的一位惊呼："哎哟！我绝不愿意我的整个计算机从地板裂缝中丢掉！"诺伊斯风趣地劝他不必这样担心："你想错了，因为那时你将拥有成百台放在桌子上的计算机，丢掉一台无关紧要。"

诺伊斯没有说大话。现在的洗衣机、电视机、录音机、汽车发动机等，都是电脑控制的，里面装着电脑芯片。一个芯片就是一台计算机，也有人称为单片机。

1968 年，诞生了世界上第一台微处理器。一个叫"4004"的电脑芯片诞生在美国的一家小公司——英特公司。公司的工程师霍夫接受了一家日本公司的任务，为他们生产 6 种专用芯片。霍夫发现这家公司的设计过于复杂、繁琐。如果设计 4 个通用的芯片，把计算机的全部电路做在上面，再用总线把它们连在一起就能完成计算机的基本任务。它不仅能完成专用芯片的任务，稍加改造就可以做别的用途。但是日本人对此不感兴趣。霍夫耐心地对他们讲解了微处理器的广阔发展前途，日方经理终于被说服了。1971 年，"4004"芯片诞生了，这就是第一台微处理器，加上必要的外设就是一台微型计算机了。"4004"芯片的能力和第一台埃尼阿克计算机相等。一台典型的微处理机要比埃尼阿克快 20 倍，有更大的存储量，可靠性提高了几千倍，耗电仅相当于一个普通的灯泡，而不是一台机车，

体积仅是埃尼阿克的 1/30000，成本只是埃尼阿克的 1/10000，但是"4004"芯片的体积只有大拇指那样大。

"4004"芯片一次只能对 4 个二进制的数进行计算，能力很有限。一次可以处理 8 个数的芯片很快出现了，它称为"8008"。后来又出现了可以同时处理 16 位、32 位、64 位的微处理器。芯片的尺寸越来越小，集成度越来越高，价格越来越低，性能越来越强。

大规模集成电路的出现为计算机的发展铺平了道路。集成电路的基础原料是硅，沙子的主要成分是二氧化硅，但要用作半导体硅片其纯度却要求极高，必须达到 99.999999%，而且要在特殊的炉子里拉制成单晶硅，然后切成 0.5 毫米左右厚的硅片，再进行磨片和抛光。

在集成电路制造工艺中，"光刻工艺"是其中一项重要的工艺。"光刻工艺"就是利用类似照相制版的原理，在半导体晶片表面的掩膜层上面刻蚀精细图形，然后进行表面加工。

一根头发为 70～100 微米，而集成电路中电路宽度仅 0.5 微米，为头发的 1/200。目前用 X 射线光刻可达到 0.05 微米宽，细菌的大小为 1～2 微米，烟尘的直径不足 1 微米，病毒约 0.25 微米，由此可见集成电路的精细，能在一根头发丝横截面大小的地方装下几百个晶体管。而在 1 平方厘米的面积上安排上百万个晶体管的，称为大规模集成电路。

我们现在用的家用电脑都是用大规模集成电路制造的，称为第四代计算机。

# 软件不"软"

## 只有两个指头

人类天生有 10 个指头，我们从小掰着 10 个手指计数，所以很熟悉十进制。这也是人类最早使用的计数器。

计算机只有"两个指头"。

计算机数数儿，只能数到二这个数，逢二进一。有的人认为二进制很怪，其实十进位不是一开始就出现的。据民族学研究，人类最早只认识 2 这个数，一件东西一分为二，后来才知道 3。每增加认识一个数都是艰难的一步，最后认识了 10，这是一件了不起的事情。

我国有"伏羲氏画八卦"的传说。八卦代表 8 种事物，伏羲氏是用一和──两种符号拼成八卦的，这就是二进制。

☰ ☱ ☲ ☳ ☴ ☵ ☶ ☷
乾 兑 离 震 巽 坎 艮 坤

如果把这两个符号，一个看作"1"，另一个看成"0"，就是二进制。

3 位二进制可以表示 8 个数，即：

111　110　101　100　011　010　001　000 和八卦对应，折合十进制对应的是：

7　6　5　4　3　2　1　0

可以代表 8 种东西，或 8 种事物。

论述八卦的书是《周易》，有人认为《周易》是一本算命的书，实际上《周易》是一本哲学著作，讲述了古代人对自然界和人类社会的朴素看法。里面有 64 卦，可以看成是由 6 位二进制计数组成的。我们知道 6 位二进制最多可表示 64 件事物。

世界上第一台电子计算机使用的是 10 进位。被人称为"计算机之父"的冯·诺依曼对第一台电子计算机进行了分析，并提出相应的建议，其中一个建议就是采用二进制。

20 世纪 30 年代，美国的克劳德·商农还是一个学生的时候，制作了一个能用二进制处理信息的机器。

采用二进制的主要原因是电子元件很容易实现两种稳定的工作状态，称为双稳态。在计数法上二进制的方法最简单：例如，电灯亮着代表"1"，电灯不亮代表"0"，这就可以表示二进制了。在计算机电路中用开和关来表示二进制，开关接通，电路通代表"1"，开关断开，电路不通代表"0"。如果用一个灯的不同亮度来表示 10 个数就很困难。

第一台电子计算机平均几个小时就出一次故障，和使用十进制有关。那么，是不是二进制就是最好的、惟一的呢？

实际上，科学家认为三进制比二进制更节省设备。目前也有一些科学家在研究三进制的计算机。

## 皇帝的新衣

你听说过"裸机"这个名词吗？

顾名思义，"裸机"就是没有穿衣服的计算机。是不是指没有装进机壳的机芯呢？

不是，这是指只有硬件没有软件的计算机。

计算机硬件和软件的关系就像皇帝和他的新衣，不穿衣服的皇帝威风不起来，只有硬件没有软件的计算机是不能工作的。

计算机硬件，是构成计算机的各种机械装置和电子设备的总称，又称为硬设备。它主要由输入装置、内存贮器、外存贮器、运算器、控制器、输出装置等几部分组成。

那么什么是软件呢？下面让我们举一个例子来说明。

当你生日时得到的最好礼物常常是一个八音盒，打开八音盒立刻就会听到美妙动听的乐声。

是谁在里面演奏这么动听的乐曲呢？

打开看看，原来发音的是一些簧片。拨动这些簧片的是一个转动的金属圆筒，在圆筒上插着许多金属棍，这些金属棍按着一定的节奏拨动了簧片，奏出美妙的音乐来。

圆筒上有许多小孔，金属棍是事先按一定的规律插好的，也可以改变。不同的插法就会奏出不同的乐曲。所以一种八音盒可以奏出许多不同的乐曲。

金属棒组成了一个演奏音乐的程序。

程序就是事先准备好的步骤。程序过去对你来说也许是一个高深的概念，现在是不是有些明白了。

新年到了，要开一个新年晚会。组织晚会的人要写个节目单，然后大家按着这个步骤进行。节目单也可以算是一个程序。

软件的内容比程序大一些。程序只是软件的一个重要组成部分，程序处理的资料、数据也属于软件。就像一台文艺晚会，礼堂是"硬件"，晚会是"软件"，"软件"中包括节目单和文艺演出内容。

一台计算机要做的工作很多，而且大不相同。一般硬件不变，关键就要看软件了。计算机的软件发展经历了很长的过程，一开始，计算机天才巴贝奇设计了类似八音盒的装置来控制机械计算机的程序，后来计算机又采用卡片输入程序，这是受到纺织机的启发。

# 纺织机的启示

在商店里，我们常常会被美丽的织锦所吸引，有龙凤飞舞的床单，有百人百态的百子图，还有惟妙惟肖的肖像等。在你惊叹绣女的高超技艺时，如果有人告诉你那是机绣，你会更惊讶。机器如何能编制出这样美丽的图画，要多么复杂的机器才能织出这些不同的图画呢？

你也许想到电脑，但是远在电脑还没有诞生的时候这种绣花机就诞生了。1805 年，法国一位叫贾夸特的工程师，发明了用穿孔纸带输入绣花程序的纺织。设计人员按一定规律，把编织的图样用孔打在纸带上，纺织机按着纸带上孔的位置工作。要改变纺织的花样时只需改变纸带上的孔，无需改变纺织机本身，这种方法对计算机有很大的影响。

巴贝奇及后来的计算机设计者都受此影响。

1880 年，美国出现了卡片式计算机，用穿孔的卡片输入数据进行人口统计，使原来手工计算需 10 年的工作在两年中完成。

一直到本世纪 60 年代，许多电子计算机的输入还是采用穿孔纸带。计算机使用二进制数，因此，只要把程序或数据转换成用二进制数表示的信息，再在纸带或卡片上将这些信息打成相应的孔即可。

把穿孔卡片插入光电输入设备，让它在光源下运动，纸带或卡片上有孔的地方就让光线通过，射到光敏元件上，产生电流，经放大电路产生表示"1"的电脉冲；纸带上没有孔的地方，光线遮住了，光敏元件就不产生电流信号，这就表示"0"。

穿孔纸带使用起来很麻烦，现在已经不使用了。

# 诗人的女儿

爱达是一个著名计算机程序设计语言的名称，程序设计语言是人类和计算机交换信息的工具。

爱达（Add）是什么，是一个名字吗？一个美丽的女孩吗？为什么用她的名字来给计算机程序设计语言命名？

当然，让我们来讲讲这里面的故事。

很久以前，曾有一位诗人，在一个风和日丽的早晨启航远行，永远离开了祖国。他抛下了尚在襁褓中的女儿，父女便再也没有相见，这位诗人就是英国的拜伦勋爵。他的女儿于1815年12月10日降临人世，他给她洗礼时命名为奥古斯塔·爱达。

拜伦是位天才的诗人，但绝不是一位称职的丈夫。爱达仅仅五个月时，拜伦就离家出走，诗人和妻子的关系极不和谐，但他一直惦念着女儿。拜伦不欣赏妇女的才智，他对自己妻子的数学天分讽刺挖苦，甚至给她冠以"平行四边形公主"的绰号。因为拜伦夫人曾学过代数、几何，甚至天文学，这在当时上流社会的妇女中算是少有的怪癖。

爱达在母亲的教育下，成长为一个美丽的有修养的孩子，但是在她和母亲进行为期两年的环欧洲大陆旅行归途中，不幸患了小儿麻痹症，以致双腿瘫痪。年仅13岁的爱达，没有一蹶不振，凭着顽强的意志，竭尽全力同疾病斗争，最终她又一次站立起来，可以独立行走了。不仅如此，她在三年养病期间还研读了天文学和形而上学。

1833年，爱达和计算机天才巴贝奇首次相遇，那时巴贝奇正试图制造"解析计算机"。尽管当时她只是一位 18 岁的少女，可被这位数学家的工作深深地吸引了。爱达从母亲那里继承了对科学和数学的狂热兴趣，她决心研究数学。随后，她年复一年，一步一步地紧随着新的"解析计算机"的发展。

1843 年，爱达发表了一些令人震惊的论文，对巴比奇的"解析计算机"作了最详细、最精辟的论述。爱达曾这样说过："解析机没有任何创见能力，只要我们知道如何命令它，它就知道如何做。它能够进行分析演算，但是没有能力预知任何分析式。"

这就是计算机程序的基本思想。我们现在的计算机也是这样，没有软件的计算机一无所能，被称为裸机。要想让计算机为我们工作，就要学会命令它，人是通过计算机程序来命令计算机的。100 多年前的爱达能有如此杰出的思想是很不简单的。

对于这样划时代的论文，爱达的名字并没有出现在文章的标题页上。当时一位英国贵族家庭的妇女，在自己的著作上签名是绝对不允许的，这种行为被视为卑鄙无耻。历史上的惟一证据是文章上有她名字的字头 A. L.。

爱达身患绝症，但是全身心地投入到与计算机有关的极其复杂而抽象的问题之中。爱达专门为巴贝奇解析计算机设计的一些公式，可以使计算机机械地去做极其先进复杂的数学运算。爱达的工作和思想大大超越时代，遗憾的是这些公式从未被使用过，因为巴贝奇的计算机最终没有完成。

1979 年的一天，爱达的名字终于大放异彩。

事情的经过是这样的。1977 年美国国防部曾招标开发一种新的计算机语言，要求该语言能替换掉美国陆、海、空三军使用的数百种程序设计语言。新语言应该有个名字，就在那时，五角大楼的一位官员突然灵机一动，想起多年前的一位年轻妇女，历史上第一位程序设计员，她的名字是爱达……

"爱达"就这样成为一种程序设计语言的名称。

爱达不仅仅为历史上第一台机械计算机开发了程序，她还预见了计算机的广泛应用，其预言就和现在的现实一样，她甚至想到用计算机来作曲。爱达，这位数学天才，过早地出生了。在19世纪妇女们深受压迫的那个时代，她过早地降生，又过早地谢世。

爱达于1852年11月27日晚，在同癌症苦苦搏斗中与世长辞了，年仅37岁。死后葬在父亲的身旁。活着时，她没有能实现和父亲见面的愿望，死神终于将他们父女联结在一起了。

## 她使电脑走进千家万户

电脑刚出现的时候，不仅价格昂贵，而且很难使用，只有极少数的人能操纵它。电脑只懂得二进制数——"0"和"1"。所有的电脑指令最终都要变成二进制数。但是，二进制对大多数人来说犹如天书。

如何让计算机能弄懂人的普通语言呢？

世界上有5000多种语言。如此众多的语言却并没有妨碍人类之间的交流，原因是有翻译。在人和计算机之间也应该有一个翻译，美国海军的一位女工程师葛蕾丝就是这样想的。她决心沟通普通人和计算机的"感情"。当她把自己的想法告诉同事时，同事说："你只会白费功夫，因为电脑永远只能对数字符号起反应。"

葛蕾丝不同意这种看法，她相信，计算机一定能进入到千家万户，关键是如何能让计算机"听"懂人类的普通语言。葛蕾丝开始研制能把普通的英文字化为电脑能懂的由"1"和"0"组成的"编译程序"。

被称为电脑语言开山祖师的葛蕾丝，是一个传奇式的人物。

1985 年 11 月，美国国会两度对她的功绩表示特别嘉许，她被晋升为海军少将——她是第一个获得这一军衔的美国妇女，为计算机工作到 80 岁才退休。

葛蕾丝虽然身为海军少将，但对航海一直是个外行，从未出过海。而且，按规定海军官兵的体重不能低于 64 千克。葛蕾丝身材轻盈，体重仅 48 千克。这位瘦小的妇女指挥的是一艘高 2.6 米、宽 2 米、长 10 米、重 5 吨的"战舰"，放在哈佛大学的地下室里，年轻的中尉——葛蕾丝对它一见钟情。这是美国海军的计算机，名叫"马克"或"哈佛马克"。

马克一型计算机共有 75 万个部件，电线总长 800 千米。它的计算速度在当时是很快的，一天能完成手工计算要 6 个月才能完成的工作。葛蕾丝领导她的班子操作这台电脑，编制了供海军大炮瞄准用的弹道表，供应船的航期表，甚至做了许多被美国国防部定为"绝对机密"的工作，如为协助研制原子弹而做的计算工作。

这些工作虽然很困难，但是难不倒葛蕾丝。葛蕾丝的父亲华尔特·穆雷患动脉硬化症，四十几岁的时候被迫把双腿切掉了，装上假腿拄着拐杖走路。葛蕾丝很钦佩父亲不肯向残疾屈服的斗志，并且从他身上学到了这种精神。她以特优生的荣誉从瓦萨女子学院毕业，后来又取得耶鲁大学数学哲学博士学位。

在马克一型计算机的基础上，葛蕾丝还领导研制了一种运算速度更快的马克二型计算机，从此葛蕾丝驾驭了更快的"战舰"。1945 年的某一天，这台新计算机在做一项计算工作时突然停住了。发生了什么问题？葛蕾丝打开了机壳，里面露出密密麻麻的电线和各种器件。葛蕾丝取出自己的小镜子，从镜子里窥望面板的后面，很快就找出了故障原因，原来有只飞蛾趴在一个继电器上，在继电器突然合拢时夹在两个接触面中，继电器不能合拢，电脑因此发生了故障。

葛蕾丝用镊子把那只压扁了的蛾子夹了出来,贴在工作日记上,然后在旁边写道:"发现了第一起真正由虫子引起的故障。"并且调皮地对她的小组成员说:"我在替电脑除虫(debug)。"从此,bug(故障)和 debug(排除故障)就成了电脑术语,沿用至今。

葛蕾丝一有时间就思考:能不能使电脑变得非常容易操作?在她不断的努力下,1955 年,葛蕾丝终于编制了一个"翻译"程序,能让计算机了解普通的英文字了。大约有 20 个普通的英文字,都是普通的商业名词,例如存货清单、价格、产品等,当输入这些英文字时计算机能懂得。1959 年,著名的 COBOL——面向商业的通用语言问世。它的出现为电脑语言奠定了基础。这个"编译程序"是一个隐藏在背后自动执行的程序,担任人和计算机之间的"翻译"。

不久,国际商用机器公司(IBM)的约翰·巴克斯也发明了Fortran(公式翻译程序语言)。这两种计算机语言使电脑工业发生了翻天覆地的变化,今天,几乎人人都能够和电脑"交谈",这要感谢他们。

在葛蕾丝 80 岁生日前 4 个月,她因年事已高不得不离开美国海军。但是退休的葛蕾丝风尘仆仆地到世界各地讲学,为推广她热爱的电脑普及事业,做出了卓越的贡献。

1992 年元旦,葛蕾丝在睡梦中去世,终年 86 岁。1 月 7 日,国家以隆重的军葬礼把她安葬在阿灵顿国家公墓。美国海军以她的名字为圣地亚哥的数据自动操作中心命名。此外,一艘名为"葛蕾丝"号的新导弹驱逐舰下水。不过葛蕾丝在九泉下最感到欣慰的,恐怕莫过于在学校中发生的变化了——电脑进入我们的课堂。人们将永远记住她的一句名言:我永远对将来比对过去有兴趣。

# 电脑偏爱年轻人

四十九年前，如果个人想拥有一台计算机，简直是一种妄想。先想想它的价格，20世纪70年代一台计算机的价格在十几万美元，就是一所大学想买也有困难。再想想它的体积，计算机除了主机外还有一大堆外围设备，例如：输入、输出的穿孔机，存储信息的磁带机等要满满地装一个屋子，这种计算机只能呆在科学院里。

谁能想象得到，现在大家使用的个人微型计算机竟是两个名不见经传的"穷小子"开始搞起来的。一个是21岁的史蒂夫·乔布斯，另一个是26岁的斯蒂芬·沃兹尼克。

1975年初，《大众电子学》的封面上刊登了一个奇怪的方盒子的图片，这是一台计算机，没有我们现在常在计算机上看到的键盘、屏幕，定价621美元，和十几万美元比也算便宜。虽然这台机器并不好用，但也受到工程技术人员、科学工作者的欢迎，很快就卖出2000台。

在美国加利福尼亚州的旧金山市和圣何塞之间有一块长48千米、宽16千米的狭长地带，这就是美国有名、世界闻名的硅谷。在美国的高技术区——硅谷有一批年轻的计算机迷，他们成立了一个俱乐部，称为"自家酿计算机俱乐部"，"自家酿"的含意是自己动手。这个俱乐部的成员在1975年3月首次聚集在一个车库里，讨论如何改装上述的微型计算机。沃兹尼克也是俱乐部里的成员（人称"沃兹"），他没有这么多的钱来买一台计算机，于是决定自己来做一台计算机，而且要配上键盘和屏幕。

沃兹当时正在大学里念书，对所学课程兴趣不大，但对计算机十分着迷，后来他干脆退学并打算用因外观不良而处理的元件自己组装一台计算机。沃兹用了 20 美元买了一片 6502 微型处理器芯片，自己设计了一块电路板，在电路板上设计了两个接口，通过这两个接口可以和一个屏幕及一个键盘接在一起，这样就构成一台完整的计算机。

1976 年初，他在"自家酿计算机俱乐部"展出了他的计算机，一举成功，每一个到会者都想购买一台。与此同时沃兹还为计算机配套设计了简单易学的 BASIC 程序语言，开创了个人计算机时代。

后来有位叫乔布斯的年轻人也参加进来。乔布斯是个颇有经济头脑和开拓精神的人。乔布斯在中学时为赚钱推销过电子器件，13 岁时，因制作电子频率计缺少一些零件，曾大胆地打电话给惠普公司的一位创始人，请求帮助。乔布斯劝沃兹集资办一个公司。乔布斯卖掉了自己的大众牌汽车，沃兹卖掉了自己的两台可编程计算器，共筹集了 1300 美元，用乔布斯家里空了的汽车库当作车间，就这样，苹果电脑公司诞生了。

汽车库里放满了半导体芯片、印刷电路板等电子零件。经过长期艰苦的努力，他们的电脑开始进入市场。1976 年，一个电脑商定购了 50 台。他们的商标——一个彩虹色的苹果旁边被咬了一口——如今已经变成驰名的商标。

1977 年，公司成立的第一年，销售额为 250 万美元，到 1983 年已达到 9.8 亿美元。1982 年，乔布斯本人已拥有 3 亿美元资产，成为美国 400 个最富有的人中最年轻的一个。

"苹果计算机公司的发展史，是一部十分成功的发迹史。"这是美国《生活》杂志的评论。两个大学没有毕业的学生，为什么能获得如此的成功呢？

原因是多方面的，乔布斯和沃兹是一对很好的搭档，沃兹是一个研究型人才，乔布斯很有经营头脑。另外他们抓住了大公司认为个人计算机过于简单而毫无兴趣的时机，他们成为个人计算机的领

头兵，独自占领了这个市场。

但是，电脑市场竞争激烈。1997年，苹果电脑公司的财务发生了困难，多亏微软公司的支持，从此这两家竞争激烈的公司走到一起来了。

## "知识经济"时代

搞计算机的几乎没有人不知道微软公司，因为电脑中的系统软件大多数是微软公司开发的。

美国微软公司董事长盖茨也因此成为当今世界上最富有的人之一。盖茨从小就是个计算机迷，上高中时曾热衷于通过网络入侵别人的计算机。这就像扮成一只公蜂，去侵入别人的蜂房一样。没有多久，他就使得巴勒公司电脑系统失灵，使数据控制公司的程序崩溃。

盖茨乐得无法形容，而数据控制公司却怒不可遏，他们终于把盖茨抓住了。一个中学生，能怎么处罚他呢？只好狠狠地教训了他一顿。

盖茨发誓再也不和计算机沾边了，但是，一个机会改变了他的人生道路。那时，英特尔公司制造出8位微处理器，需要人编写程序。盖茨终于被同学艾伦说得回心转意，花去360美元买了一台微处理器，并和艾伦一起赶到英特尔公司去上班，任务是编写程序，他们的年薪是3万美元。

不久，盖茨与他的朋友成立了微型软件公司。一次他们要去阿尔伯克基表演程序，但是程序还没有编完。临行前一天的晚上他们工作到凌晨1时，盖茨对艾伦说："艾伦，你去睡几个小时吧！当你醒来时，程序一定会写完的。"艾伦便去睡了。一觉醒来，盖茨真的把纸带递给他，说："谁知道行不行，愿上帝保佑我们交好运。"他们俩立即去了机场，在飞机上他们还在不断地修改，结果，他们成功了。

1980年，生产大型电脑的巨型IBM公司主动来敲微型软件公司的大门，愿与盖茨合作，而这时微型软件公司是个只有几十人的小公司。为了如期交出软件，盖茨花了5万美元从一个程序员手中买来一个不完善的"操作系统"，夜以继日地对其加工修改，最后提供给IBM公司，软件叫MS—DOS系统，这就是几乎每一台个人电脑都使用的软件系统，到80年代末，投入市场超过3000万套。

因为盖茨预言将来每个家庭、每张台面上都会有电脑，所以软件大有发展前途。到80年代中期MS—DOS已显得陈旧。盖茨的公司又抢先推出窗口（Windows）系统软件。

盖茨虽然没有念完大学，但却成为了软件界的带头人。有人这样称赞盖茨："如果有谁开车撞死了比尔·盖茨，那么微型计算机工业的发展会推迟好几年。"

盖茨24岁时，已成为有名气的人物。1992年，IBM公司亏损高达50亿美元，而盖茨的公司却赢利十几亿。微型软件公司终于垄断了微型计算机软件市场，盖茨成了"软件大王"。

有人认为，盖茨的出现开创了一个新时代——"知识经济"时代。"知识经济"目前还没有确切的定义，但是，知识在经济发展中的重要性越来越明显。盖茨成为世界豪富，和世界上的汽车大王、石油大王不同，盖茨没有工厂和机器，他依靠的只是知识，他的产品是知识是软件。

"知识经济"时代的到来，对每一个人都是一种挑战。为了适应新的时代，迎接21世纪的挑战，学生的知识不仅要扎实而且面要宽，以适应社会急剧的变化。成人也要不断地学习，因为新的东西不断地产生。

# 数字化生存

美国著名的计算机专家尼葛洛庞帝在他的《数字化生存》一书中，提出"数字化生存"的论点：计算机不再只与计算机有关，它决定我们的生存。把数字化和人类的生存联系起来，是不是有点过分。

"数字化"是指把"模拟信号"转化为"数字信号"。

"模拟"一向可以理解为"类似的"、"相似的"，在这里不能望文生义。

我们身边的自然现象：小河流水、溪流声、风声、鸟鸣、透过枝叶的光线等全都是模拟式的。也就是说，我们生活在一个模拟的世界里，模拟信号的特点是连续变化的。例如，声音音量从小到大是振幅的连续变化；音调的高低变化是频率的连续变化；光也是这样，明暗变化决定光的振幅，颜色的浓淡取决于光的频率，都是连续变化。我们的眼睛或耳朵是模拟传感器，接受这些现象，然后用大脑进行模拟处理后再记忆。

1876 年，贝尔发明电话后，是利用模拟信号进行通话的。用电话进行远距离通话时声音就会变小，杂音也很多，有时听不清楚或听错了。老人都记得过去打长途电话的困难，必须对着话筒大声喊，有时对方还听不清。而现在即使打越洋电话，对方也如在身边一般。此时你应该感谢数字化。在模拟信号中，存在着信号衰减和杂音影响的问题，杂音混在信号里，音量放大时，杂音也跟着放大，所以信号就是放得再大声音也听不清。

数字化就是把模拟信号转化为数字信号，数字信号是二进制的，因此是一组脉冲信号。线路中传递的是一系列脉冲，也就是说在单位时间里表示若干个脉冲数是很重要的，严格地讲，它与脉冲的高度和形状没有什么关系，因此很难被杂音干扰，而且也不会由于信号衰减而引起信号失真。

150 年前发明的电报码——莫尔斯信号，就是数字通讯的一个例子。电报员用滴答声来通讯，这与音质没有关系，只要记住所传递的意思便可理解。

数字化的过程和电报员翻译电报的过程类似，在传递声音时，把声音的振幅、频率变成数字，传递后再恢复成模拟信号。

20 世纪 70 年代末 80 年代初，掀起一股数字化的热潮。当时对数字化一词的理解，只认为是由于使用计算机，所以数字化是理所当然的，并没有感到像今天这样的重要。

15 年之后，数字化一词已经响彻全世界，在逐步向社会各个领域渗透的过程中，正迎来当时单纯从语言上想象不到的社会大变革。下面讲的故事都和"数字化"有密切关系。

# 取消键盘的"战斗"

## 键盘与鼠标器

学生参加考试时，家长和老师总是嘱咐不要看错了题。考试的第一步是审题，通过你的眼睛将问题输入到大脑，只有正确的输入，大脑才能对该问题实施相应的答案。电脑也是这样，输入设备是很重要的。

人是靠眼、鼻、耳等感觉器官获得外界的大量信息的，这些感觉器官可以说是人们取得信息的"输入设备"。计算机也有自己的"感觉器官"，它们的作用是获取人们输入的各种指令和数据。

对于一个普通的使用计算机的人来说，最关心的是如何掌握好向计算机输入命令的本领，希望计算机操作越简单越好。有的人甚至想到无需动手就"心想事成"，这些想法都不过分，科学家正在实现。

和巴贝奇用过的八音盒、穿孔卡输入程序相比较，键盘输入是非常先进的，在西方打字机有很悠久的历史。据说，最早的打字机是 1808 年住在意大利的茨利为凡特尼伯爵夫人制造的。他们是好朋友，经常通信，但伯爵夫人是一个盲人，书写困难。于是茨利绞尽脑汁为朋友制造了世界上第一台打字机，伯爵夫人用这台打字机打了 16 封信，如今还保存在雷乔国立公文书馆。

计算机键盘和打字机的键盘类似，只是除了字母键外，又多了一些控制键。键数增多，有 80 多个的，也有 100 多个的。现在的电脑一般采用标准的 101 键盘。

键盘上的按键分为两类：一类称为字符键，包括数字键、英文字母键、标点符号键、空格键等；另一类称为控制键，用于输入一些特殊信息，例如，暂停键与屏幕打印键等。

还有一种计算机输入设备是鼠标器。鼠标器外形如一只长尾巴的小老鼠，能方便灵活地移动。

鼠标器的发明给计算机的操作带来了极大的方便。例如，移动屏幕上的光标，用键盘要按十几下，而鼠标一滑就到了，现在的计算机没有鼠标几乎无法操作。

鼠标器有两种类型。一种是光电式鼠标器，它的底部装有发光管，在一块专门的平板上滑动；另一种是机械式鼠标器，它的底部装有一个小球，可在任何平板上移动。鼠标器在移动时，光的变化或小球滚动的机械变化产生出相应的电信号传入计算机，计算机就得到了输入信息。

鼠标器上还有 2～3 个按键，在操作时可以根据需要按不同的键。鼠标器一般用于窗口软件与电脑游戏操作，使用起来十分方便。

最近市场上又出现了键盘与鼠标器合二为一的输入设备，即在键盘上安装了与鼠标器作用相同的跟踪球，在笔记本电脑中应用广泛。

# 扫描仪

用键盘只能输入文字和字符。假如你想输入一张图片，例如，用计算机制作一个贺年卡，上面除了祝贺的词句以外还希望附上你的照片，怎么办呢？

这时要把你的照片输入到计算机里，键盘及鼠标器是无能为力的，只有依靠扫描仪。

台式扫描仪的外形有点像复印机。将需要输入的图片放在一个玻璃平板上，盖上盖板，装有光源的扫描头就在玻璃平板下移动，光线照在图片上，反射光线由一个镜面系统反射，并通过透镜聚焦到一个光敏二极管上，从而光信号就转变成了电信号。最后再将电信号转换成数据信息，存储在计算机中，供你处理。

复印机一次只能复印一张一模一样的图样，而通过扫描仪进入计算机的图样可以在计算机里任意变化，放大、缩小以及各种变形。这是由于扫描仪能把图片转换成图形数据文件存储在计算机内，然后再运用有关的图形软件进行编辑、显示或打印等操作。

在广告、动画、工程中扫描仪是一个重要的输入设备。

扫描仪一般有台式和手持式两种类型。

手持式扫描仪是依靠手动来移动扫描头的。它的优点是比较灵活，价格便宜，单张图片和整本的书都可以用它扫描输入，但它的扫描头宽度不及台式扫描仪，并且功能有限。

此外，扫描仪还有黑白扫描仪和彩色扫描仪之分。

## 小心换头术

现在在北京每一个大的百货商场几乎都可以看到用电脑制作婚纱摄影的服务。想得到一张婚纱摄影的人不用穿婚纱，也不用精心化妆，佩带饰品，只要站在那里拍摄一个头像就可以了。

用来拍摄的相机里也没有安装底片，而是直接输入到计算机中。

电脑工作人员在计算机里为新娘"化妆",给脸上的斑点、皱纹"动手术",然后穿上婚纱。实际上这是"换头术,"把新娘的头换在另一个人的身上。

这里用的相机就是数码相机。数码相机里装的是磁盘,把图像用数字的方式存储起来,所以和计算机配合特别方便。

数码相机还受到新闻记者的青睐。新闻报道比的是速度,数码相机很占优势。用普通的照相机照的照片要有一段洗印的时间,冲洗出来的照片还要通过扫描仪变成可以被传输的数字化图像,才能通过通信线路传出去。而数码相机不用经过上述过程,可以立即通过计算机网络传递,在时间上抢先一步。

新华社摄影记者在1997年香港回归报道中使用数码相机配合笔记本电脑处理图片,并首次使用手提电话成功地将中国领导人抵达香港的照片抢先发出,照片被港报广泛采用,收到良好的宣传效果。

整个报道过程有惊无险。1997 年 6 月 30 日,就在国家主席江泽民和国务院总理李鹏率中国参加香港政权交接仪式代表团抵达香港启德机场时,突然下起中雨。没有资料表明这种售价达十几万元人民币的数码相机具备防雨性能,相机一旦进水,那么损坏的不仅仅是精密的电路,更重大的损失——没能记录下中国最高领导人首次踏上香港的历史性的瞬间,这是无法用金钱来衡量的。

另外一个问题是担心电脑的电池是不是能坚持到图片送完。由于手提电话的传输速率比普通电话低,在传输彩色照片过程中更需要消耗电能。

数码相机在如此关键的时刻经受住了考验,并且以其准确的颜色还原、高清晰的图像、最快的速度发送到全世界,获得了港澳报界的一致首肯,获得极大的成功。

未来,数码相机、便携式电脑及手机将成为新闻工作者的标准装备。

# 指到成功

在机场、银行或展览会上，会看到一种"大屏幕电视"，上面显示着各种信息。有趣的是只要用手指在计算机的屏幕点一下，屏幕上便会显示出你所需要的信息。屏幕既是一种显示输出信息的设备，也可用来作输入设备，可谓一箭双雕。

这种屏幕叫做触摸屏，具有方便、坚固、快速和节省空间等优点，已经广泛用于教育训练、信息查询、自动化、电脑游戏、医疗仪器等领域。

为什么用手指摸一下屏幕，计算机就有反应呢？

一种最简单的方法是利用电阻的变化：在屏幕上贴着一层薄膜，用手指点一下薄膜，薄膜上的电阻会发生变化，计算机就会感知你的要求，于是便输入你在屏幕上点的命令。电容式、压感式的道理相同，手指接触屏幕后，相应的电容或电感会发生变化。

除了以上几种还有超声波式、红外线式等多种类型的触摸屏。例如超声波式的触摸屏幕，当你的手指触摸到屏幕时，在屏幕上掠过一束声波，声波发生变化，计算机便能感知。这种触摸屏幕更先进，省去了薄膜。

# 手写输入

键盘在西方有悠久的历史，但是，对中国人来说键盘输入是新东西，手写字是我们最习惯的，我们从小学就开始学习写字，所以人们希望舍弃键盘用手写输入。有些作家习惯用稿纸写稿子，用计算机键盘写作时，灵感全无，写不出好的感人的作品来。手写输入可以解决这个问题。

计算机所能接受的是脉冲电信号，只要能把手写的信号变成脉冲电信号，计算机就能"理解"。

手写输入的方法很多，其中一种方法是利用写字时笔尖产生的压力。有许多晶体在受压时会产生电流。电唱机的唱头在唱片上运动时，因为感受的压力不同，产生的电压大小不同，大小不同的电信号经过放大再转变成声音，我们就听到了。还有一种燃气点火器，像一支手枪，用手一扣扳机，前端打出一个电火花，这也是通过压力产生的。

手写输入的设备是一块小板和一支特殊的笔，板上有一条电线和电脑连接。用这支笔在板上写字时，压力产生的电流输入到电脑中，电脑中的软件便把电流信号转变为计算机能识别的数字信号。

用手写板写字时，屏幕上先出现一个和你手迹一模一样的字，然后立即把这个字变成规范的方块字整齐地排在屏幕上。这些都是计算机软件在背后进行的工作。

如果写字不规范，计算机能否识别呢?

电脑有一定的智能，有的字甚至少一笔，计算机也能识别改为正确的。另外，电脑有"学习"能力，在你第一次使用手写输入软件时，电脑会先指定一些字让你输入。计算机第一次会搞错，识别不清，把这个字当成另一个字，这时候你要"教"计算机，帮助计算机改正错误：即用键盘输入，对计算机识别错误的字进行修改，经过这个过程计算机就能记住，产生了一套适合你的笔体的识别方式。

当然换一个人使用这套系统时，电脑又会犯错误，要重新输入一次产生第二套方案，第一套方案也不会丢失，这样计算机就能识别各种独特字体。

手写输入的识别是一个计算机智能的重要研究课题，目前还不很完善，随着进一步的研究，功能会越来越好。

手写输入不仅大大缩小了人与计算机之间的"距离"，同时笔式手写输入器用于银行票据的签名验证，几乎是万无一失。静态的签字可以模仿，但是签名过程中，笔的走向和速度等动态信息是不能模仿的，计算机第一次记录了某个人的动态签字信息，同时也记录了静态信息，从两个方面进行检测，就会万无一失。

## 留下宝贵的手迹

手写输入后手写字变成了方块字，作家的手迹就会消失，有人认为这是文化的一大损失，确实许多作家的真迹都是传世之宝。

有人预言，进入计算机时代再也不会有作家的真迹了。

其实，这句话说得过于绝对了。能不能既留下手迹又能方便地输入到计算机里，变成数字化信息呢？

完全可以，并且有许多方法。目前已经开发出一种手写输入方法，可以解决这个问题。当你要写作的时候，只要把稿子铺在一个特殊的板子上，用一种有墨水的电笔在稿纸上按你的习惯尽情地写。纸上留下真迹，下面的板子可以感受笔尖写字的压力，把这种压力转变成字符输入到计算机里。这样你既可以保留一份自己的真迹，又在计算机里保存了一份数字化的信息，一举两得。

更可贵的是，"写字板"可以和计算机脱开，变成一块很轻很方便携带的书本大小的东西。装上干电池，一次能储存100页稿纸的内容。带上这块小板，你可以在任何地方写作，在花前月下，在海边的沙滩上，在行进的火车上。回到家里，用一条电线和计算机连上，几秒钟就可以转存到计算机里。我想这是作家最理想的写作工具了。

把手写的稿件变成计算机内的数字化信息还有一种方法：使用扫描仪把手稿输入到计算机里，再通过一种汉字识别软件把手写字变成计算机里的字符。这也是一个有关计算机智能的重要研究课题，用这种方法可以大量、迅速地输入文字。

## 和电脑聊聊天

手写输入虽然大大简化了计算机输入的困难，但是仍然十分麻烦。操作电脑的时候，你必须正襟危坐在计算机面前，而不能在电脑前走来走去地操作电脑，更不能和电脑聊天。

这就提出语音输入的话题。说话比写字更简单，能使更多的人掌握电脑。

经过数年努力，最近和计算机说话让计算机听懂人类的语言的梦想实现了。美国 IBM 公司开发出两种计算机声控软件，用户可直接对着计算机说话，所说的每个字词几乎都会立即出现在屏幕上。你可以告诉计算机现在开始，或朗读完毕。这种口述指令的输入方式将有可能取代传统的键盘输入方式。

让计算机听懂人类的语言不是一件简单的事。我们在说话时，能准确地把握住对方的意思，是因为你和对方处于同一个场景，你大致知道对方要说些什么。所以对方即使发音不对或漏掉了某些词也能理解。但是，当你和一个不熟悉又不同行的人聊天，由于许多专业名词不清楚，你在理解上就有困难，有时会产生误解。和计算机对话时，计算机无法和你建立共识，进一步理解事物的意义。许多同音字，计算机必须进行智能判断，例如："实事求是"，有许多同音字，计算机必须能够"思考"，区别、判断找出正确的。如果你说一句不合逻辑的话，计算机就不知所从，反应出一些奇怪的字是可以理解的。所以声音输入是一种计算机智能，研究工作不是很简单的。

语音输入系统和手写输入一样可以学习，例如你说话有"山东味"，不要紧，只要你一开始把计算机提供的几百个字、词，对着计算机进行试读。当然，由于你的发音不好，计算机开始显示是不对的。此时，你应该通过别的输入方式告诉计算机正确的字词，让程序逐渐适应你的语音，在此训练之后，程序便可准确地将语音转换成文字。

在此后，你就可以放心大胆的用"山东味"的普通话来朗读一篇文章，计算机在屏幕上一行行显示着朗读的内容。你可以朗读得很快，每分钟170个字都可以，如果在句子中要加一个逗号，只要读"逗号"就行。换一个人也无妨，计算机可以生成一套新的语音识别系统。使文字录入工作变得轻而易举，既无需背五笔字型，也不需会拼音。

和人聊天时，对方的反应是十分重要的。我们常说："酒逢知己千杯少，话不投机半句多。"可是和计算机聊天时，计算机毫无回答，只是在屏幕上显示你谈话的内容，你变成了一个自言自语的怪人，当然，侃兴全无。

为了解决这个尴尬局面，有人设计出一个软件，它能寻找出谈话人的空隙，发出"对"、"啊——哈"的声音。这些简单的声音可以使使用者变得轻松，变成真正的聊天。

当然，和电脑实现有问有答的真正交流还需要一定的时间。

# 会说话的眼睛

我们常说:"眼睛会说话。"古代人认为眼睛能发射出光线,所以有"目光"这个词语。

眼睛本身不能发光,为什么人类能感受别人的目光,甚至能察觉别人的目光从你的肩膀掠过呢?这是由于眼睛在注视某一个东西时,眼球的位置是有变化的。

现在已经研制出来这样的装置,当用眼睛盯住屏幕上的某一点,计算机就能自动地把代表的符号输入到计算机里,你也许认为这是科学幻想。

眼控技术已经实现了,现在在商店里能买到一种眼控相机。用这种相机照相的时候,只要你用眼睛盯住要拍摄的目标,相机便能测知并能自动对准距离。过去自动对焦距的相机选取的目标是镜头里最亮的,如果目标不一定是最亮的,焦距就可能出毛病,有的时候背景很亮,相片也照不好,眼控技术可以克服这些缺点。

在相机里有一个装置能对你的眼球进行测试,测量眼珠的运动,这一过程仅几秒钟。校验过程虽然短暂,但其间产生的过程却是十分复杂。一对发光二极管(LED)发出红外光束,照射到注视瞄准镜的眼睛上,当眼球转动时,眼球上的反射光束也会变动,所以在这束反射的红外光束里带着眼球的信息。红外光束通过一个分光镜被折射出去,再通过聚焦镜而落到一个所谓基础传感器上并成像,传感器把它收集到的这些光学信息,输送给微电脑,电脑就会计算出眼珠相对于红外光束的转动角,从而知道你在注视什么目标。

美国空军现在正在研制一种可以让飞行员和技术人员通过面部表情操作的计算机,这种计算机只需美国空军的地面维修人员动动

眼珠就可以把所需要的图表和程序从一台小型便携式的电脑上调出来，然后把所有的数据都显示在特制的眼镜或者布罩上。

现在有一种给残疾人使用的计算机已经研制成功，只要动动眼皮就可以操纵计算机了。

## 心想事成

我们常说"心想事成"，人的心灵果真有感应吗？

大脑是人体的"司令部"，大脑的活动是客观存在的。大脑思维的时候，伴随着复杂的生化活动和电磁现象，肯定有各种可测知的信息传递出来，科学家正是在不断地分析这些信息中找到规律性的问题。

美国纽约的一家公司开发了"扳腕子比赛"游戏软件。游戏双方头戴传感器，通过电子接口来控制电脑游戏机，通过想象扳手腕的动作来控制代表自己的手腕移动。

又如该公司开发的三维游戏软件"飞车"，游戏者通过大脑控制摩托车的行驶速度。当游戏者疯狂驾驶摩托车开飞车时，计算机会发出报警声，游戏者的大脑会不自觉地发出刹车的信号，导致游戏中的刹车。但如果关闭报警器，游戏者则不顾后果地继续飞车。

一种"滑雪"游戏软件的游戏者只需思考"向左"或"向右"来控制电脑里滑雪运动员的下山滑雪过程。如果游戏者有滑雪经验，那么他头脑中想象的滑雪动作更接近于真实，这样他就能成功地控制显示屏上滑雪运动员的滑雪过程，并获取高分。有趣的是，游戏者在游戏时并不是有意识的，他们不知道他的大脑在干些什么。

美国俄亥俄州某空军基地的实验室从事大脑研究已有几十年历史。他们发现，脑波有几种不同的类型——α型、β型、δ型和θ型，

大脑在不同状态下可产生不同类型的脑波。

要记录人的大脑活动是非常困难的。人从看到一个物体到对它产生反应，整个过程只用 0.07 秒，要记录和处理脑波信号需要高速的电子信号处理器。由于20世纪90年代微电子技术的突飞猛进，使脑控设备的成批生产成为可能。

美国空军研制了可以由人的思维控制的计算机，这种高度先进的计算机主要用于遥控军用飞机，预计在 10 年后才可以投入使用。美国空军研制的这种新型计算机工作的原理是：一条装有特别传感器的头带测出操作者面部表情的变化或者脑电波的变化情况，这些脉冲变化马上被传送到信号处理器，在转换成计算机可以读懂的指令后，再传给一种被称为"电脑联络开发跟踪器"的系统。当操作者向右边看的时候，"电脑联络开发跟踪器"就会自动把光标移到右边；如果操作者向上看，那么光标就会往上移；操作者扬一下眉毛就等于单击一下鼠标，扬两下就等于连击两下鼠标。

"电脑联络技术"于 1998 年 3 月在澳大利亚奥斯汀举行的一次多媒体会议上首次亮相。一位颇有音乐天赋、但在七年前因为一场车祸而导致面部以下高位截瘫的作曲家在会上登台表演。通过使用"电脑联络技术"，再加上音乐合成软件，这位作曲家获得了创作新生。

"电脑联络技术"将让残疾人受益匪浅，给四肢瘫痪的残疾人带来福音，使他们不再终生束缚在病床上。他们将坐在舒适的脑控轮椅上，用自己的大脑来控制轮椅的移动方向，重新恢复行动的自由。在交通方面，司机身上的脑控设备可随时监测司机的精神状况。一旦脑控设备根据检测到的脑波信号，判断司机困了或喝醉了，便会立即向司机发出报警信号，因此脑控技术可大幅度减少交通事故。

当然，脑控技术如果掌握在坏人手里，也许会对社会有危害。如同过去的许多发明一样，脑控技术为人类提供了一种新的工具，我们将很快学会如何让它为人类造福并防止其负面影响。

## 展开想象的翅膀

前面我们已经列举了许多和电脑交流的方法，包括脑控技术。尽管如此，在世界著名的微软研究实验室里，科学家对自己的"宠儿"并不是很满意。

研究人员常常"抨击"计算机，认为计算机聋、瞎、哑，对真实世界毫无反应。例如，一只狗在 100 米外通过主人的步态就能认出主人，而电脑即使你坐在它的旁边，它也浑然不知；当你生气的时候，几乎任何一种宠物都会察觉气氛不对，但是电脑却无动于衷。这些要求，对电脑是不是过分了？爱因斯坦说过："想像力比知识更重要。"

微软研究实验室的科学家正在为此而努力，首先要让计算机具有"听"、"说"能力，他们希望计算机能像秘书一样阅读和看懂主人的电子邮件。

比如说："嘿！比尔·盖茨（微软公司总裁）给你寄来一份电子邮件。"

"什么内容？"使用者问。

然后，计算机就能绘声绘色地把具体内容读给你听。

在《知识导航员》录像带中演示了未来的一幕：一位不修边幅的教授，他的书桌上放着一个平平的书籍模样的装置，这就是未来的电脑，不过功能更多。电脑处于打开状态，显示器的一角，出现了一个打着领结的人，它就是这部机器的化身。教授请这位机器代理人帮他准备演讲稿，还分配了几件工作给它，这位代理人偶尔也会插话提醒教授其他的事情。它不仅能看、会听，对答如流，还能从教授的表情里知道主人的情绪，了解主人的习惯甚至坏毛病。这就是人类对未来计算机的设想，让计算机更"人性化"。

但是，要达到这个目标还有很长的路要走。目前，计算机虽然能读文章，但听上去像机器人一样干巴巴、冷冰冰，既无感情色彩，也无抑扬顿挫，如果这样的话听多了，简直要发疯。

不过，已经有些改进。计算机将能够生成整整一套"声音活字"：计算机将能够把某个人的声音模式存在记忆库里，使用者可以挑选任何一套声音活字库，模拟某个名人或他的某个朋友，例如，电视主持人赵忠祥或倪萍的声音，使计算机发出自己喜欢听的声音。语音、语调可以任意进行调整，使话语充满感情。

计算机将具有足够的能力立即分析人类说话时传递给它的大量数据。人在说话的时候所传递的信息不一定是通过具体的词汇表现出来的，有时候，撇撇嘴或哼一声也能传达许多信息，而且往往是不可言传的信息。当人用力敲打计算机的边角时，计算机应该如何理解？80％的可能是他正在生气，18％的可能是屏幕破裂，2％的可能是他在拍打一只苍蝇。

让计算机弄懂这些事情很不容易。人在生气的时候会说反话，计算机将来是否能理解呢？

这些研究需要人工智能和统计学的结合，要让计算机理解这些问题，这对计算机软件人员来说是个严峻的挑战。

# 电脑为啥记性好

## "火柴头"里存百科

电脑功能强大的原因，首先是它有一个仿照了人类逻辑思维的逻辑电路，另一个重要原因是，电脑的"记性"特别好。

电脑的记忆就是信息的存储。电脑存储器粗略说，分为内部和外部两种。内部存储器设在主机内部，简称内存，用来存储电脑运行时所需的程序和数据。打个比方说，到医院看病时，有的病人等在大厅里，有的病人被叫到医生的诊室里。在诊室里等待的可以比做计算机的内存，而在大厅里的是外存。把病人叫到诊室里，可以加快诊病的速度，但是，屋子的地方有限，不能都进去，所以，内存相对外存来说，容量小，但速度快。

最早的电子计算机的内存是用磁化来记录计算机的信息。美国IBM公司开发出磁芯存储器，磁芯是一个直径不足1毫米的磁环，中间穿过电线，当电流流过时磁芯被磁化，便能记录信息。

二进制只有"0"和"1"两种状态，磁芯磁化了代表"1"，不磁化代表"0"，穿过磁芯的电流方向能按着计算机的要求不断改变，因此可以动态地存储信息。

磁芯存储器体积大、速度慢，记录一个字符要8个磁芯，一个汉字要 16 个磁芯，如果记录 10 万个汉字，磁芯的面积至少要 1.6 平方米，比桌面还大。

其实，只要具备表示两种状态的介质都能存储计算机的信息。后来，开发出半导体存储器。一种动态存储器是依靠电容上存储电荷代表信息的，电容充有电荷的状态为"1"，放电后的状态为"0"。虽然力求电容上的电荷不泄露，但是，时间一长电荷还会漏掉。所以这种存储器要不断地刷新电容，使它保持电荷，因此，这种存储器，在计算机断电后，记忆便消失了。

使用大规模集成电路的技术，动态存储器可以做得很小。例如，目前 586 计算机的内存是 32 兆，可以存储 1600 万个汉字，比一部百科全书的字数还多。

最近，科学家又提出了一个新思想，在电容里存储电荷时区别多少，以记录不同的信息。例如，电容中只存 1/2 电荷时和充满电荷时是两种不同的状态，代表两种信息。这样一个电容可以当过去的两个用，在不增加体积的情况下内存量增加一倍，目前这种原理的存储器已经制造出来了。

## 磁带和磁盘

如果你在使用计算机的时候突然断电了，会有什么结果？

你正在处理的信息会全部丢掉，令你伤心不已。因为你的许多信息存在动态半导体存储器里，只能在电脑通电的情况下保存，一旦断电，哪怕千分之一秒，信息也会全部丢失。

为了解决这个问题，计算机要把信息存储在磁盘上，也就是外存储器里。

最初，计算机把信息存在磁带上，就像使用磁带录音机一样。

但是磁带的一个缺点是只能顺序存取数据，如果你要取后面的信息，要把磁带倒过去，因此不适合计算机快速存取的需要。

怎样才能做到快速存取信息呢？

有了录音机后，很少再有人用唱片听音乐了，唱片放的音乐杂音很多。但是你是否注意到用唱片和录音机的不同，唱片不受歌曲顺序的限制，只要把唱头放在歌曲开始的那一点，就可以立即播放。所以在解决快速存取问题的时候，科学家又想到了唱片的优点。

唱片的缺点是不能自己录制。能不能做一个"磁唱片"，既方便存取数据，又达到高速存取的目的呢？可以。所以磁盘立即受到计算机科学家的欢迎。

磁盘是一种圆形薄片，它的表面涂上磁记录材料。其存贮信息的基本原理和录音机类似，就是磁化。唱片储存信息是用螺旋形的轨道，磁盘则是以磁盘的中心为圆心形成许多半径不同的同心圆，每个圆周称为一个磁道，一个磁道又划分为若干个扇区，数据信息就以扇区为单位存储，每个扇区都有编号，所以磁盘驱动器里的读写磁头能迅速地运动，找到某一个编号记录和读取信息。与其他记忆媒体相比，磁盘具有存储容量大、读写速度快、信息可脱机保存等优点。按所用的基片材料区分，有硬盘和软盘两种。

硬盘是用金属、陶瓷或玻璃做基片，硬盘是精密设备，要在无尘车间里组装在一个密封的盒子里，不能任意拆卸和强烈地震动。硬盘是计算机里的重要设备，价格占到计算机的 1/3。硬盘的容量以"兆"为单位，1 兆就是 100 万个字节，可以存储 100 万个字符或 50 万个汉字，目前硬盘可以做到几千兆之大。

软盘用的是涂有磁性物质的塑料圆片，存储量在 1 兆左右，装在一个纸套里，纸套上有一个狭长的槽，露出黑色光洁的磁盘，这是磁头读写磁盘移动的地方，要注意保持这里的清洁。只要用手摸一下，磁盘的数据就会丢失。

# 光盘—— 耀眼的存储新星

光盘是20世纪80年代信息存贮技术领域里升起的一颗新星。一张光盘可存贮600兆数字化信息，相当于275000页16开的文字、75分钟音乐、420多张普通软盘。

VCD进入家庭后，使许多人结识那薄薄的闪亮的塑料圆片，对光盘并不陌生。光盘和唱片不同，用唱片听音乐时，由于唱片的灰尘及变形，放出的音乐杂音很多，但是，光盘不会，因为在读取光盘的时候，并不接触它，光盘脏了，用适当的软布擦一下就行了，保存很方便。

为什么能在一张薄薄的塑料盘上存储那么多的信息呢？

光盘的刻画是用激光进行的。激光可以聚焦成能量高度集中的极小光点（0.1微米左右，即万分之一毫米左右），光束受到输入信号的调制，成为带有信息的激光脉冲，就像我们小时候用反光的镜子传递消息一样。激光束在光盘记录介质表面聚焦成为极小的光斑，光强时能将薄膜烧蚀成凹点或气泡，弱时形成平台。在轨道上，二进制符号"1"用凹点或气泡表示，"0"用平台表示，轨迹是螺旋形的。另外在信息面上还蒸镀反射率为75％～80％、厚度不超过0.04微米的铝反射膜，加强光的反射。

当你将光盘放入光盘驱动器（CD－ROM）中时，驱动器中也有一个激光光源，不过比前面说的光源功率要小得多，以免破坏原来记录的信息，它是读取光头。激光经过光学系统，聚焦在盘面的信息轨道上，由于凹点和平台部分对光的反射强度不同，所以光检测器能检测出轨道上记录的每一个二进制信息，然后转换为电信号输出，显示在终端屏幕上。

光盘的盘片通常由基板、记录层和保护层组成。基板通常选用有机玻璃或某些模压聚合物这些具有极好的光学性能和机械性能的材料，以保证光盘的完整性、尺寸精度和稳定性；记录层是附着在基板上的一层薄膜，是实现激光记录和保存信息的关键部分；保护层是覆盖在记录层表面的一层透明聚合物，保护记录介质免遭划伤或被灰尘和指纹污染。

一般的光盘是只读存储器。也就是说，你的计算机只能播放光盘里的软件内容，不能把自己在计算机里编写的软件存放在光盘上，这是因为光盘的盘片发生变形后，是永久的。如果有一种办法既能使光盘在记录信息时变形，又能恢复平整，就可以实现光盘的可擦可写了。你能想出办法来吗？

可擦可写的光盘有许多方案。有一种设计很有意思：利用一种特殊的金属做光盘的基片，当具有某一种能量激光束在盘片上扫过时金属晶体发生变化，从晶态变成非晶态，对光的反射减弱，从而记录下信息；当你要擦去记录的信息时，用另一种能量的激光束则可以抚平变形的晶体，使它恢复晶态从而擦去信息。这种光盘叫相变型光盘。

光学存贮技术的研究始于 20 世纪 60 年代，当时，荷兰的飞利浦公司和美国无线电公司等都在研制开发光盘。1972 年，飞利浦公司研制出第一种光盘——光学录像盘，用途是录制电视节目，直径 30.48 厘米，盘面上排列有 54000 条圆形轨道。遗憾的是，这种光盘的市场销售情况不好，因为电视用户认为录像带已能满足需要了，而且这种光盘没有统一的标准，一家工厂生产的光盘在另一家工厂生产的光盘机上不能使用。

厂家总结了这次失败的教训，1978 年又推出了一种新式的光盘，叫音频光盘，即我们所说的激光唱盘，英文简称 CD，其直径只有 12 厘米。盘上布有约 4828 米的螺旋形轨道，每条轨道的宽度仅有 1.6/1000 毫米，记录 60～75 分钟的音乐节目。这次几家公司制定了统一标准，果然在商业上获得了成功，1983 年首次推出时，当年就销售盘片 125 万张。用激光唱机播放声音优美，富有立体感，深受广大音乐爱好者的喜欢。接着，各公司又先后开发出各种各样的光盘，我们常用的是数字式只读光盘（英文简称 CD－ROM），还有 VCD 小影碟。

## 为什么 DVD 比 VCD 更好

VCD 激光影碟有一个缺点，就是一张光盘里装不下一部电影，情节紧张之时，要停一下换一张光盘，有点煞风景，这不是真正的家庭影院享受。

新近推出的数字视盘（简称 DVD），使光盘的容量增大了一倍。DVD 的一面可以装一部电影，两面足以存贮 2 部故事片，只是在播放第二部电影时需要翻转光盘。DVD 单面单层记录容量是现在光盘的 7.23 倍。

怎样在光盘里再多装一些东西呢？

旅游时，家庭主妇往箱子里放东西的经验是：一要充分利用空间，把东西放得紧一些密一些；再就是能压缩的东西尽量压缩，例如，放羽绒服，要尽量压紧把里面的空气排除出来，市场上有一种枕头就是采用抽真空的办法存放，就像软皮真空罐头一样，大大地减少了存放空间。

计算机存储信息时采用的也是这两种办法：一是尽量把信息存得密集一些，另外就是压缩信息。信息压缩是通过软件来实现的，例如，图画中的空白、电影里的不动画面，就像枕头里的空气一样，在存储时先压缩掉，用的时候再自动补上。

DVD 在两方面都进行了努力。它采用新一代的激光器，过去的 VCD 机使用红外激光，其波长为 780 毫微米，即约为一根人头发丝的 1/100。而新的 DVD 视盘机，则使用了波长为 635 毫微米的光。由于新激光器所用的波长比目前 VCD 中用的红外线短，所以其光束可以聚集到只有目前 VCD 机中光束的一半那么细。

VCD 上螺旋形光轨道的长度大约 5.4 千米，而 DVD 由于盘片上数据轨道凹槽的间隔缩小了一半，因而每面的光轨道长度能达 11.8 千米，长度增加了一倍。

我们知道光是电磁波，在很小的范围内光表现出波动性。打个比方：远处看人走路像走一条线，细看，人走路是一步一步的。如果路面有石头，石头很小，不会影响通过，但如果是一块大石头就要绕道而行。同样是一块石头，对于大人不是障碍，大人步子大，对小孩却是不可逾越的，要绕过去。光波波长和人走路的步子类似，盘片上数据轨道凹槽的间隔太小，波长大的光波就不能"感知"，而波长短的则可以。所以只有减小激光的波长才能提高光盘记录信号的密度。

另外，DVD 使用了国际上最新的压缩技术，信息存储量大大提高。

DVD 看起来以及用起来都像普通的激光唱片或 VCD，但是如果你看过 DVD 播放的影片后就会觉得大不一样。VCD 的播放质量不比录像带好多少，而 DVD 的色彩艳丽，图像清晰，清晰度为 VCD 的 4 倍，甚至可与专业级的数字式演播录像带相媲美。除提高了图像质量之外，由于存储空间大，音响效果也大不相同，DVD 使用 5.1 声道（5 个扬声器加 1 个超低音扬声器）的音响系统将为你呈现剧场的全部声音效果。

DVD 完全消除了家庭录像带节目中常见的信息漏失、图像闪烁和失真变形现象，逼真的环绕立体声使你有身临其境的感觉，将你带进一个全新的视听境界。打个比方，就像你从听电唱机的音乐，一下子变成欣赏激光唱盘一样的感觉。

DVD光盘的另一个改进是它的厚度只有激光唱盘的一半，其目的不是为了省材料，科学家发现，光盘的厚度越薄，图像越清楚。照镜子时，不知你是否察觉，在镜子的平整度一样的情况下，镜子越薄，影像越清楚，这是由于镜子有前后两个反射面，前反射面反射的图像会干扰后面镜面的反射。DVD薄了强度不好，所以把两个DVD光盘背靠背地结合在一起，整个厚度将制成与现在的CD一样，所以DVD光盘可以只用一面（另一面是空白），也可以两面都用。

由于存储空间的加大，在DVD上能存储更多的数据。例如可以配置多种语言和字幕供观众选用，可以配上英语也可以用中文解说，用方言也可以。这一优点对制造商来说更为明显，他们可以把多种语言的配音加入一个光盘中，有助于扩大发行量而降低制作和加工费用。

更加吸引人的还在于DVD的交互性。例如，它可以提供多达9种选择的"多故事"功能，根据观众的爱好，使故事具有不同的情节。在观看多故事情节的影像时，实际上能做到没有任何障碍，自然而流畅地转换场面。

当然，DVD要求高清晰电视和更完善的音响，使用目前的设备就不能充分发挥DVD的优点。

# 互联网上故事多

## 互联网是个无边无际的网

在本书开始的时候就列举了许多互联网在生活中的应用，那么什么是互联网？

互联网的英文名字叫 Internet，专指全球最大的、开放的、由众多网络相互连接而成的计算机网络，可以连接最简单的个人计算机直至最复杂的超级计算机。互联网覆盖全球，能通电话的地方均可上网。由于互联网和高悬在地球上的卫星之间存在着直接联系，太空人也可进入互联网，所以说它的范围已超出了地球本身。

互联网的一个重要特点是没有一个机构能把整个网全部管理起来。一个国家有中央政府、地方政府形成了一个自上而下地统一管理的网，但是互联网不是这样。

互联网的设计思想就是这样，它可以允许任何数量的计算机网络连接起来，统一运行。其运行方式就像全球邮件系统，只要在信上写好收信人的地址，贴好邮票，那么尽管放心，一定会到达，没有必要为是谁在为你运输，走的是哪条路线而担心。

　　为什么是这样，还要从冷战时期的美国说起。互联网的研究是20世纪60年代末开始的。当时，美国五角大楼害怕受到核攻击造成全国通讯指挥瘫痪，他们给科学家提出了一个任务：要求计算机科学家研究一种新的通信方案——即使半个美国被破坏也不会使全国通讯瘫痪。

　　打一个比方：想象你是一只小蚂蚁，在你的面前只有一条道路，如果这条路毁坏了，你就会困死在那里。如果蚂蚁生活在一个大的鱼网上，鱼网有的地方破了，甚至破了一半，都不会影响你的行程，你面前有无数条路，当然你会寻找一条最近的路。

　　计算机刚刚出现的时候，计算机和计算机之间的通信是集中在一个或少数的计算机上，如果中枢遭到破坏，网络无疑也会瘫痪。解决问题的关键是使控制权分散，使任何一台计算机都无需充当"交通警"的角色。

　　如果敌人扫荡了大半个美国，系统的速度会减慢，但是系统不会消亡，这个通讯系统就和我们上面说的"鱼网"道理一样，任何一台计算机通过一个协议都能从一个节点上和整个网络通讯。

　　这种网络就是互联网的前身，网络的开放性就像一个可以无限做大的馅饼，任何人都能做一块饼和它接起来。所以网络迅速地发展扩大，以致使得美国政府负担不起整个网络的费用。1991年，开始允许私人公司参与经营，就这样慢慢变成了一个覆盖地球的大网。

　　本来是为了战争建立的计算机网最后变成了联接世界人民，促进和平、友谊的工具。每天在互联网上都发生着有趣的故事，让我们来看几个。

# 是毒蜘蛛吗

安德伍德是一个喜欢旅游的人，虽然已是 66 岁高龄，却仍然乐此不疲。一天她持续高烧，腿部有一块黑伤疤，不断有渗出物流出。她因疼痛而无法行走，到美国乔治亚州偏远的伊斯特曼地区的道奇县医院就医，急诊大夫估计她是被一种毒蜘蛛咬伤所致。如果是毒蜘蛛咬伤就要立即做截肢手术，但不能确定是否真是毒蜘蛛。过去这种症状在当地无法确诊，要确诊病人就得长途跋涉去亚特兰大看皮肤科专家门诊。

现在有了互联网，偏远的地方也可以通过互联网迅速地得到大医院的帮助。

米都布鲁克大夫通过互联网、交互视频系统与其他专家联系。通过这套系统，乔治亚医学院的莱歇尔博士在他的办公室中，用一个电脑屏幕观察病人的病情，同时用另一个屏幕与医生对话。

莱歇尔博士马上就诊断出安德伍德太太不是被所谓的毒蜘蛛咬伤，而是由葡萄球菌感染而导致的肌肉腐败，她只需在医院接受 12 天静脉注射抗生素的治疗就会康复。

安德伍德太太因此而保全了一条腿，她得益于快速确诊，这是互联网的功劳。

电脑网络把一个人和全世界更加有机地联系起来，一个人轻而易举就可以得到全世界的支援，这在过去是不可想象的。

# 远地医疗

过去，身处偏远地区的人最怕生病。例如，到小镇去看肿瘤科或精神病科大夫是一件很困难的事情。小地方由于病人少，不可能投资太大，医生也得不到锻炼，水平很难提高。如今，通过互联网，大城市的医生可以为缺医地区的病人看病，给病人带来福音。

通过互联网，仅仅是点一下鼠标，就很快和城市医院及全国各地的著名医生的办公室联接起来。医生不仅可对病人察颜观色，查询病情，而且病人的各种化验数据以及 X 光照片等也可以传送给医生，医生据此做出正确的诊断。

这种电子医疗网络由十几种仪器构成：有计算机、摄像机、监视屏等，医生和病人就像近在咫尺。

医生通过互联网在远方控制一个能够变焦的摄像镜头，它不仅能让大夫把一个观察室的所有情况尽收眼底，也能将焦距对准皮肤上的一个毛孔；第二个摄像镜头能够用来传送病历和化验结果；第三个摄像镜头则可以附着在内窥镜上用于检查包括结肠、胃、内耳等身体内部。

千里之外的专家，可以对病人进行在大医院相同的任何检查，并且能在几秒钟之内而不是几小时之内作出诊断。另外还可以通过机器人对病人进行诊治，在麻省理工学院，工程师们已经开发出了一种不仅可以接收医生的指令，而且能够直接给病人施行手术的系统。医生只需察看监视器，摄像机镜头就好比是医生眼睛的外伸，且功能更强大。通过操纵安装在监视器上的把手，医生可以控制机器人的运动，并随心所欲地调整动作幅度，当机器人的手遇到阻力时，医生的手也有同样的感觉，和亲自手术一样，其稳定和精细程度更高。

远地医疗系统对战地抢救特别有意义，人们通过一台特殊的电视机在家里也能接受医疗救助。

## 享受阳光和生命

互联网上的感人故事说也说不完。南京农业大学副教授王海扣通过互联网为自己仅 13 个月的孩子王逸能求医的故事也是很感人的。

1997 年 5 月，南京农业大学副教授王海扣心情沉重地走出北京阜外医院的大门。他的仅 13 个月的孩子王逸能被确诊患有一种复杂的先天性心脏病。这种病死亡率高达 90％以上，按照目前我国的医学水平，属于绝症。

绝望之余，王海扣去图书馆查阅有关资料，他惊喜地发现，孩子的病有救，世界上在 20 世纪 80 年代就有此类病手术成功的记载，于是他在互联网上发出了求救信。

在互联网上可以把一封信同时发给许多人，这是一般邮件的功能所没有的，就好像在全世界的一个虚拟广告牌上"贴"了一个广告，全世界上网的人都可以看到，这是任何传播工具所不能比拟的。

不到一个月，王海扣从互联网上接到一封回信，是一位名叫格罗里亚的美国女士的电子邮件。她说，自己也有一个孩子 19 年前患有同样疾病，通过手术治疗后，现已健康长大成人。她热心地答应帮助王逸能在美国寻找能接收的医院。

又过了一阵，格罗里亚来信说，她的一位朋友提供了一个线索：在新泽西蒂博拉心肺中心设有"世界儿童计划"，已经为全世界 72 个国家的 3000 多名儿童做了心脏手术。这个消息，使格罗里亚喜出望外，格罗里亚与这家医院取得了联系，该院答应为王逸能做手术。

王教授十分高兴，但是对于一位大学教师来说，一家三口往返美国的 5000 美元机票费也是一笔沉重负担。中国国际航空公司在获悉上述情况后，当即作出为其全家提供免费机票的决定。

8 月 22 日，中国国际航空公司 CA981 号大型波音客机准时降落在纽约肯尼迪机场，格罗里亚一家赶往机场迎接这一素不相识的中国家庭。

27 日一大早，格罗里亚驾车两个多小时，把王海扣一家三口带到了蒂博拉心肺中心。29 日早晨，王逸能的病情突然恶化，他血压升高，心跳明显减慢，生命危在旦夕。幸运的是，那天的值班医生马歇尔是该院从费城儿童医院聘请来的心脏病专家。他观察了孩子的病情后认为，必须立即进行手术，否则随时都有生命危险，经过两个多小时的煎熬，孩子的生命保住了。

孩子的病情现已基本稳定，心脏恢复了正常的供血功能，王逸能的小手、嘴唇也由紫色变成了红色。王海扣一家有说不出的高兴。蒂博拉医院表示，再过两年，等到孩子发育好一些再为他做一次心脏的矫正手术。

一封电子邮件，救了王逸能的性命。


# 千里之外救人记


"天涯海角若比邻"在互联网上是一件毫不夸张的事。下面我们讲一个故事，说的是一个 12 岁的男孩如何在互联网上营救千里以外病危的 20 岁芬兰女大学生的事。

12 岁的希恩·雷登是美国得克萨斯州的七年级学生。1997 年 4 月 14 日下午，希恩放学刚回到家里，就放下书包奔向电脑，小小房间立刻响起电脑键盘的清脆声音。

妈妈夏朗在一旁微笑地看着他问："希恩，你在玩什么？"

希恩移动鼠标说："我正进入塔维恩。""塔维恩"是互联网上的一个娱乐之窗，特别受青少年的喜爱，从这里可以阅读幻想小说或科幻故事，还可以跟朋友交流信息和聊天。

聊天系统是互联网上的一个有趣的系统，闲聊程序可以让你一次能与数十人谈话。当你从键盘上输入信息后，大家都能看到，虽然他们位于世界各地。在计算机上聊天时，当你用键盘打出一句话后，就有人接过话题，输入他自己的看法，显示在计算机屏幕上。你们可以对某一特定论题进行交流，也可以开个玩笑，反正大家用的都是假名字。通过闲聊程序可以结交许多朋友。

下午 6 点，希恩正要退出"聊天屋"时，看到一个新的名字——苏山·西克斯在荧光屏上闪耀，她的简短信息用粗体字写道"有人能帮助我吗"？

希恩喃喃自语："一个不懂规矩的新手，究竟发生了什么？"

过了一会儿，对方回话说："我呼吸困难，请救救我！"

希恩看了很生气，认为对方在开玩笑，真想臭骂她一顿。

这时，聊天屋里出现了另一个自称医生的朋友打趣地说："嗨！我是塔维恩的医生，你的病马上会好的。"

然而，荧光屏上又出现了"救救我，我呼吸困难，左半身失去知觉，我无法离开我的椅子"的语句。

希恩认为对方是在假装瘫痪。但从对方操作程序看，苏山不像是在开玩笑。希恩在互联网查找别人对她的反应，发现没有人理睬她。

希恩想，她也许真的病了，我得帮助她。

他转身叫妈妈："妈妈，这里有个孩子好像病了或发生什么意外事件。"

妈妈走到希恩身边问："这不是游戏吗？"

互联网上发生的并不是一场恶作剧。苏山·西克斯的真名叫塔伊佳·赖丁恩，20岁，大学生，在离希恩所在的得克萨斯州几千英里的芬兰首都赫尔辛基的一所学院图书馆开夜车。正当她在互联网上寻找有关理论文章的信息时，一股她所熟悉的热流从踝骨往上爬，她知道她的旧病复发了。她从小就被一种怪病所困扰，不久，疼痛袭击她的腿、臀部直到脊椎。她坐在椅子上无法动弹，呼吸困难，如果没有人救助就会窒息而死。

此时正是深夜，图书馆里，寂静无声，只有她一个人夜读，离她最近的电话机在室外走廊里。但是她的腿已经不听使唤了，只要稍一动弹，全身就疼得难忍，要走到电话机旁是不可能了。

塔伊佳的面前只有计算机。她曾在互联网上学习过英语，能简单表达自己的意思，于是她将自己的化名输入电脑，并在互联网上发出呼救。

希恩皱着眉头说："妈妈，我想这不是在开玩笑。"

他的眼睛一直盯着苏山的最新信息，并立即发出提问："你能呼叫911或EMT？""911"是美国的急救电话。

母子俩焦急等待着回答，这时正是美国互联网的高峰期，很多人入网交换信息，因此网络速度变慢。

最后，对方终于答复了："什么叫EMT？"

EMT是急救医务人员的缩写，在美国连孩子都十分熟悉。希恩想，难道对方是个6岁的儿童吗？他接着又问对方："你多大年纪了？"

对方回答："20岁。"

夏朗用脚跺地板说："看来，她不是在开玩笑，的确碰上了麻烦。"希恩又问："你在什么地方？"

过了很长一段时间，荧光屏上才出现了粗体字"芬兰"，夏朗母子俩几乎同时惊叫起来:"芬兰!"

塔伊佳左半身已经麻木不能动弹,她感到头晕,担心她的呼救被看作恶作剧,她认真发出呼救:"我向你保证,这决不是玩弄骗局,请帮帮我的忙。"

希恩意识到确有一个姑娘需要帮助,于是立即打电话给911,呼吁救援。妈妈夏朗说:"我儿子在互联网上的聊天屋里,碰到一个呼吸十分困难的人,需要立即救助。"

值班的阿密正准备站起来,派遣救护车出发开往出事地点,说:"好吧,她在什么地方?"

夏朗说:"在芬兰。"

阿密惊呼:"老天啊!你们是不是在开玩笑?"

多亏经验丰富的警官德勃拉在场,他向阿密点点头,认为这一切是真实的,要求提供对方的电话号码。

希恩根据女警官阿密的要求,向苏山提出要当地的急救中心的电话号码,但得到的回答是,"我头晕得要命"!

希恩对苏山说:"你必须坚持住,我们会替你呼救的。"又过了很长一段时间,荧光屏上出现了回答。

拨通芬兰的急救站后,经过再三的解释,芬兰急救站人员保证认真处理好这一事件,希恩和夏朗才放下心,松了一口气。在因特网上,希恩告诉苏山,急救人员正在前往救援的路上。

苏山也发出了最后信息:他们已经到我身边了,谢谢,再见!

希恩怀着喜悦的心情,看着荧光屏上的喜讯,说:"她终于安然无恙了。"

4天以后,美国得克萨斯州丹顿县警察局接到赫尔辛基国际警察组织办公室一封感谢电:感谢塔伊佳在互联网上的朋友,她已得到治疗,现在情况良好。

美国司法部表彰了警官阿密和德勃拉认真而有效的工作,美国记者还特地到芬兰医院采访了塔伊佳，她向记者表示："等康复后，要当面向希恩一家以及丹顿警察局有关人员表示感谢。"

# 网上寄哀思

互联网的一个重要特点就是信息传播得快，传播得广。

1997年2月19日，我们伟大的领袖，世纪伟人邓小平逝世的噩耗经我驻美大使馆通过互联网传出后，大使馆很快在网上收到大量的寄托哀思的来信，每天有5000多封。

一位留学生这样写道："惊悉小平逝世，不胜哀痛。东方陨落一颗明星，祖国与世界失去一位伟人，小平英名将流芳百世。"

一位曾参加中国抗日战争的美国空军飞虎队员的后人这样写道："我对邓小平逝世感到悲痛。他倡导了中国的改革，使这个世界变得更加美好。我祈愿，美国和中国两国人民之间永久和平。"

一位美国朋友这样写道："通过阅读有关中国的材料，我了解到邓小平在中国的贡献，我向中国人民表示哀悼。"

在中国驻美使馆互联网网站计算机上，有许多这样的电子邮件。

有的人不禁要问，为什么要从互联网上了解信息呢？有报纸和电视不就够了吗？其实这两种传媒都是有范围小的缺点。电视的直接发送距离只有直径100千米左右，别的地方要看就要转播；报纸速度就更慢，住在大洋彼岸的中国同胞最大的苦恼就是看不到当天的人民日报。

一代伟人邓小平去世的消息，绝大部分华人华侨、留学生和美国朋友是从当地电视新闻中首先得知的，他们不敢相信，也许报道有误，他们疑惑："这是真的吗？"

当他们从我驻美大使馆互联网上看到消息时，才敢相信这个噩耗。他们关心地问："中国政府将怎样安排邓小平先生的葬礼？中国驻美使馆的吊唁活动如何进行？"

在中国驻美使馆的互联网网址上，他们很快听到了中国政府的声音，我驻美使馆新闻处接收到新华社的英文广播稿 15 分钟后就将《告全党全军全国各族人民书》和小平同志治丧委员会的第一号公告上网。

不到半小时，就接到读者的反馈电话 10 多个。此后，使馆又及时地将小平同志的亲属致江总书记并党中央的信、使馆吊唁活动安排、小平同志伟大光辉一生和江总书记在小平同志追悼大会上的悼词等内容上网。

小平同志逝世消息传出后，每天访问使馆网址的用户从几百人猛增到 5000 多人次，其中 20 日下午到 21 日下午 24 小时内，1 万多人次访问了该网址。许多读者说，当地媒体只是从自己的立场来报道邓小平逝世这一事件，只有看了中国使馆的网址发布的消息，才听到了中国政府的声音，帮助他们了解了世界伟人邓小平和中国。

目前在互联网上可以看到新华社和我国主要报纸的最新消息，许多记者都从互联网上截获各国发布的最新消息。

## 太空网上购物

互联网极有魅力的服务是用户可以坐在家里购物。你也许没有想到，在距地球 320 千米的地球轨道上环绕运行的宇航员也能通过互联网在美国纽约曼哈顿的购物中心挑选货物。

"这可能吗？"回答是肯定的。

1997 年的一天，和平号太空站上的两名俄罗斯宇航员便享受到了这种"太空网上购物"活动的乐趣。

活动是美国"可视购物中心"公司安排的。和平号太空站指令长阿纳托利·索洛维耶夫和机械师巴维尔·维诺格拉多夫，通过互联网在太空中从美国百货公司亲自为自己的亲人选购节日礼物，购物的钱是用信用卡支付的。

在互联网上购物已经不是一件新鲜事，用户把某商场货架的资料调来，显示在屏幕上以供挑选，有价目清单也有物品的照片，如再有不清楚的地方还可以通过和售货员对话进行查询。

如果是选购衣服，还可以一件一件单独显示出来供挑选。初步看中后，还可把自己的身材数据输入，利用计算机图形技术，把衣服"穿"在顾客身上，让顾客从不同角度观看。决定购买后，把自己账户密码输入，办完付款手续后，商店便可送货上门。

由于卫星上也可以上互联网，所以在太空和地上一样能享受购物的便捷。维诺格拉多夫说："这比在莫斯科冬天的酷寒中上街购物感觉好多了。"通过互联网的帮助，他们使用信用卡购买了不少节日礼物，包括芭比娃娃、芝加哥公牛队的运动服装、电脑以及健身器材。

"对我们来说具有非同寻常的意义。"49岁的索洛维耶夫有两个儿子，这两个小伙子都是美国芝加哥公牛队和迈克尔·乔丹的忠实球迷，所以，索洛维耶夫为他们购买了一个"迈克尔·乔丹"篮球、一套印有乔丹的23号芝加哥公牛队球衣、一顶公牛队球帽，还有一套北欧式健身器材。

43岁的维诺格拉多夫有一个4岁的宝贝女儿卡塔娅。他为她买了一个芭比娃娃和一台20世纪70年代生产的老式电话机作为节日礼物。

两位宇航员还各买了一台个人电脑和相匹配的打印机。

俄罗斯宇航局执行总裁杰夫·曼伯尔说："和平号轨道站绝不是设在太空中一个仅供短暂停留的'驿站'，它应被看作人类正在其中

工作和生活的一个独特的'社区'。住在那儿的人们也同样要吃要喝，要娱乐要看电视，当然也需要购物。不要将此次'太空网上购物'当作一次哗众取宠的活动，这是我们将人类社会搬进太空的一次尝试。"

## 鲜花、大葱网上卖

一个花店设在山东的青州，没有雇用一个推销员，一年得到950万元的收入。这是怎么回事呢？是"天方夜谭"吗？

不是，这就是一个农民开的花店。按一般人的想法，花店应该设在交通发达的繁华地区，人来人往才会有人注意到他的花店。

可是这位青州农民在偏远的地方，把花的生意做遍全世界。他能及时了解世界的鲜花行情，及时进货或生产急需的品种，秘密在哪里？

原来，他请了一个熟悉互联网的北大毕业生，在互联网上做起鲜花的买卖来。

通过互联网他了解到今年香港流行的鲜花品种，并从荷兰了解到世界的鲜花行情，知道了各国的地区差价，这样就心中有数了。

他还把自己生产的鲜花彩色照片送到网上，进行宣传，通过互联网进行订货，买卖很不错。

类似的网上交易已经越来越多。1997年，山东的大葱丰收，如果不能及时地卖出去就会造成浪费。后来他们想到了互联网，在互联网上发布了消息后，很快就有了买主。

目前，互联网上开办了多条"虚拟商业街"，就像真正的商业街，提供出租互联网网上空间的服务。街上有许多虚拟零售商店，就像一个自由市场一样，虚拟商业街为租借人提供各种服务，如在网上订货和发货、信用卡的申请发行等业务。

你可以在多条虚拟商业街上开设虚拟的零售商店,由于它通过互联网交换信息,进行经营,不仅无一般商店的开销,甚至不用印制商品目录,所以成本极低,因此商品比一般商店便宜。

用电子方式进行办公和交易,不仅可提高办公效率,而且可以降低费用。银行业也在进行利用互联网的实验,例如使支票电子化的试验。现在处理每张支票的费用需 80 美分,通过互联网处理电子化了的支票可使费用降到 10 美分。美国每年需处理上百亿张支票,节约效果十分明显。

电子市场不仅可使买卖双方迅速成交,节省费用,更重要的是它排除了人为因素的干扰,使竞争在完全公平、公开、公正的环境下进行。据初步实践,成交的价格平均可降低 10%,一些小公司也可以平等地同大公司进行竞争。因此,电子市场将给商业带来深远的影响。

现在,我国的各个部门都十分重视在互联网上发布经济信息,形成了一个丰富多彩的信息网。


# 没有围墙的学校


在电视广告上我们看到过一个猩猩和一个几个月的婴儿通过计算机交流。婴儿通过计算机能看到可爱的大猩猩,这很有趣,似乎荒诞,却是可能的。

只要在计算机上安装一个小的摄像头,通过互联网就是远在天边也可以"聚"在一起开会,就像真的共聚一堂一样,既闻其声又见其人。这样,可以大大提高工作效率,节省时间和金钱。

北京的一所重点中学把自己的教学内容送到互联网上,每一个上网的学生都能获得该校的教学计划，和重点学校的同学同步上学，还能通过网络得到重点学校教师的辅导，享受重点学校的待遇。

即使父母不在家，信息技术也能使学生在做家庭作业时获得个人帮助。家庭作业热线正在迅速发展，该系统不仅帮助得不到双亲帮助的学生，而且还可帮助那些在课堂上羞于问问题的学生。

在互联网上可以获得著名的教育软件，它所提供的信息和知识可能远远超出本校教师的水平。在北京一所著名的中学里，一名特级教师试用一个叫《几何专家》的教学软件来上一节课。这节课讲的是两个圆、两条公切线，问一共有多少种相交和相切的可能。电脑的演示使同学看到了动起来的图形，对学生有很大的启发，课堂气氛极为活跃，学生议论出 20 种方法，有的方法连有几十年教学经验的特级教师也没有想到。像这样的许多教学软件，在互联网上可以免费获得。

互联网的远程教育可以使边远地区用户也能听到著名教师的讲课，跟现在电化教育不同的是，观众可随时点播自己想学的课程。

随着信息高速公路的建立、多媒体应用的普及，电子图书馆、电子出版物、远程教育等的兴起，使正在做论文的学生可使用庞大的信息资源，计算机网络能使准备写论文的学生，浏览成千上万的书籍、杂志和报纸。

高考不再是通往大学的独木桥，目前我国有十几所大学通过互联网上的教学使大学成为一个没有围墙的网上大学。全球大学将出现通过计算机网络、卫星电视等先进技术把许多国家的学生、讲师和研究人员连接起来。学生也许不需要或者没有时间呆在大学校园，大多数学生更喜欢听电视屏幕上老师生动活泼的讲解，而不愿意听教室里教师枯燥难懂的讲解，这对教师也是一个挑战。

# 讨厌的网上"黑客"

前面我们说过，互联网是一个无边无际的网，因此网上的信息库非常不好管理，谁都可以从中取得信息，谁也可以往里加信息。因此，难免良莠不齐，一些无用、错误和有害的信息也会混杂其中，这是使用时需要加以注意的。

有不少人利用互联网保密性差进行各种犯罪活动。例如，有人通过它盗窃美国国防部机密资料、盗窃用户的口令等；还有人通过它盗窃软件，仅 1993 年，经由互联网盗窃的软件，价值便有 20 亿美元。

据报道，1991 年上半年，荷兰的一批电脑专家利用当地电话线，秘密地联上美国国际电脑网，轻而易举地进入了美国肯尼迪航天中心、太平洋舰队司令部、劳伦斯尔国家实验室和斯坦福大学的电脑系统，时间长达 6 个月。1988 年，原联邦德国的 7 名电脑专家利用太平洋上空的通信卫星，很顺利地进入了美国互联网，窃取了隐形轰炸机及空军司令部的情报，然后卖给了苏联的克格勃。

英国一位计算机专业的应届大学毕业生，因利用互联网窃用美国电报电话公司的电话密码而被指控，据估计他所造成的损失高达数千万美元。该毕业生现年 23 岁，原在纽卡斯尔市的北昂布里亚大学计算机系学习，精通计算机网络技术，他利用自己宿舍内的联网电脑破译了美国电报电话公司的密码，进入该公司的电话计算机控制中心，窃取了大量用户的电话账户和密码，然后通过互联网以低廉的价格向全世界出售。

英国警方估计，他给美国电报电话公司的电话用户在过去 3 年中损失了共约 1000 万美元，而该公司为了更正这一事件造成数据的混乱善后工作，要耗资 1700 万美元。英国警方搜查的结果表明，这位毕业生从世界各地受骗者那里获得的金额大约 8 万美元。

可见，因特网固然是个信息宝库，在促进各国交流和发展科技、经济上起了巨大作用，但其负面影响也不容忽视。

此外，由于因特网过于自由，也为个别人制造假新闻、假信息提供了方便。因为这里没有审查和核实系统，什么样的新闻都可通过它传播。而且由于它的传输速度和传输范围都大大超过传统的新闻媒体，因此造成的影响更恶劣。

# 幽灵肆扰信息社会

## 我会被传染吗

一次，几个人正在计算机旁谈论计算机病毒，一个正在使用计算机的新手突然把手从计算机键盘上抬起来，迅速地站起来，惊恐地问：

"计算机病毒会传染吗？"

"当然会传染，而且很厉害！"

"我会被传染上吗？"

这时，大家才恍然大悟，马上安慰他："计算机病毒只会传染给计算机，不会传染给人类。"

上面的故事不是一个笑话，许多人对计算机病毒不甚了解，也不明白为什么计算机也能感染病毒。其实我们这里用的病毒两个字应该加引号，这里只是借用了生物病毒的名字。计算机病毒只是一个小程序，一个能起破坏作用的程序，它是人编制的，不是生物。

计算机病毒和生物病毒有类似的地方。生物被病毒感染后，疾病不会立即发作，病毒有一个潜伏期；计算机病毒有传染性，还有一定的潜伏期和破坏性。

例如"黑色星期五"病毒，当一台计算机被感染后，计算机病毒不立即发作而是长期潜伏伺机发作。只有在某月的 13 号又恰巧是星期五的那天发作，一旦发作就会大量破坏文件，造成极大的损失。

1988 年 11 月 2 日下午 5 点 1 分 59 秒，一种名叫"蠕虫"的"病毒"突然发作起来，致使 15.5 万台计算机和 1200 多个连接设备突然进入"休克"状态。

从这天开始，几天内这种"病毒"像恶魔一样神秘地迅速扩散，传染到美国加州大学、麻省理工学院和美国许多军、民基地及科研中心的计算机网络。

据说，在这次事件中，美国有 90％的网络平均紧急关机 16 小时，军用网络关机时间更长，竟达 40 多小时，造成直接经济损失近一亿美元，至于间接损失，则难以估计。为什么会爆发这样的一场"瘟疫"呢？后来，美国政府终于查清了：原来，这是美国康奈尔大学 24 岁的研究生罗伯特·莫里斯干的。罗伯特是一个很有才华的年轻人，他设计了一个计算机小程序，偷偷地输入连接美国国防部、军事基地、理工大学和一些私人公司的计算机网络里，这个小程序像癌细胞一样，能够不断地复制自己，称为"小蠕虫"。据说，莫里斯原先打算将这种"蠕虫"设计成慢慢长大，但他编程中，犯了一个错误，导致"蠕虫"非常快地复制、传染蔓延起来，以致只有几天功夫就传遍美国各地，造成严重的恶果。

## 为什么有人制造"病毒"

不同人有不同的想法，有一种人是为了显示自己的才华，也有的是为了恶意破坏。例如，一个计算机公司职员编制病毒程序的目的是为了报复。如果他的名字从公司的名单上消失，也就是说他被公司开除了，病毒便会立即发作，销毁公司的账目。

一些软件公司为了保护自己的利益，给非法复制软件的人一点教训，在正常程序里植入一个病毒程序。一个欧洲公司为一个不发达国家编制了一个大型软件，但又怕对方不及时付钱，于是在系统里面藏了一个病毒，如果对方不及时付款，病毒就会像一个定时炸弹一样爆炸。没有想到对方钱给得很痛快，这可急坏了公司的负责人，他们立即派出专家飞到这个国家把病毒取出来，幸好在专家到来前病毒没有发作。

由于近年来软件盗版现象严重，一些专家和原装软件商为了保护知识产权，防止抄袭，而预先掺入一种"病毒"，在客观上给盗版者造成一种心理压力。

美国有一个由电脑"高手"组成的"末日会团"，专门通过计算机网络伺机破坏美国电讯界和金融界。他们制造一种软件"定时炸弹"，这是一种能潜伏一定时期的破坏程序，一旦发作就会破坏电话，破坏电脑程序，这些人就利用电脑混乱之时，趁火打劫，进行银行诈骗活动。1987年几个美国人就用假冒的名字从银行电脑网络上窃取了2.59亿美元，据专家统计，美国各地每年计算机犯罪涉及的钱款竟达50亿美元。

计算机"病毒"的蔓延及破坏性给了军事电脑专家以新的启示：用"病毒"形式进行"电脑战争"。因此在军事战争领域里，又增加了一种新的作战"兵器"。

美国国防部早在几年前就开始研究"电脑病毒"的军事应用，并专门成立了一个秘密的"电脑病毒设计组织"，其任务就是设计"电脑病毒"，并把"病毒"设法输入到敌方军事指挥系统的电脑中去，破坏其计算机网络的正常工作。

在海湾战争中，美国间谍曾把一种带有特殊"病毒"的计算机芯片偷偷插入巴格达防空计算机系统的一种从法国买来的打印机中，芯片中的"病毒"很快就使伊拉克军事司令部的主计算机系统失灵，

这是"电脑病毒"第一次正规地用于战争。

利用电话线、微波、卫星等通信网络使病毒侵入到别国的军事通信控制网络，进行破坏，窃取有关军事秘密，也是一种常用的办法。

计算机病毒在军事上的应用，已日益引起军事专家们的重视，并且作为一种电子对抗战的新形式，正在引起各国军界的广泛重视。

# 10 种危害很大的病毒

目前，全世界已发现电脑病毒上千种。我国自 1989 年 4 月首次发现电脑病毒以来，迄今已有多种在全国各地蔓延。下面列举20世纪八九十年代流行最广、危害性最大的10种。

一、赌场病毒

1991 年 4 月在马耳他首次发现。它每逢 1 月 15 日、4 月 15 日、8 月 15 日发作，它一发作会增加文件长度等，其中包括病毒的自白："我是赌场病毒。"

二、杨基都德病毒

首次在美国发现。每到下午 5 时，它便中止电脑的工作，洋洋自得地高唱美国民歌《杨基都德》并破坏文件。

三、13 日星期五病毒也称耶路撒冷病毒

在以色列首次发现。它可销毁在 13 日星期五所处理的一切数据。

四、米开朗基罗

在意大利著名艺术家米开朗基罗的诞辰日 3 月 6 日发现，故名。它能毁掉电脑存储软盘和系统中的文件。

五、磁盘杀手

它发作时，会打出字幕："不要按动任何键盘，我来帮你清盘。"待文件被删尽时，又显示："磁盘已经删净，祝你好运！"

六、两只老虎

在台湾首次发现。当病毒发作时，电脑所显示的数据立即消失，并反复出现一首名为《两只老虎》的歌词。

七、圣诞节病毒

在 12 月 25 日发作，它一发作会增加文件长度 600 个字节，屏幕会像圣诞节一样五彩缤纷，银光闪烁。

八、小球病毒

源于意大利。该病毒出现时，显示器会出现不断跳动的小球，使数据滚动。

九、快乐的星期天病毒

首次在台湾发现。星期天使用电脑时，显示器会出现："今天是星期天……"字节，同时，这些字节会不断地存入你的软盘，使原有的数据大量丢失。

十、幽灵病毒

最早产生于美国，是专门为了攻击国际流行的查病毒和杀病毒软件而设计的隐蔽性极强的一种电脑病毒。其特点是每种病毒可变化出 6 万至 4000 亿个形态，像"幽灵"一样无处不在。这种病毒每年 4 月 1 日发作，发作时瞬间便会将电脑内所有的文件破坏，导致整个电脑瘫痪。

## "常备不懈，安全第一"

计算机病毒虽然可怕，但是只要注意防止，也可避免病毒的袭扰。

我们常说"病从口入"，计算机病毒也是通过"接触传染"的。在使用移动存储设备时，如果移动存储设备中装的软件带有病毒，插入健康的计算机里运行，健康的计算机就会染上病毒。

所以，在自己计算机上不要运行来历不明的软件。许多游戏软件带有病毒，是软件商人的一种自我保护，如果你非法拷贝一个游戏软件，在自己的计算机上使用，就有可能染上病毒。

如果你的移动存储设备"串门"，到别的计算机上运行，而那台计算机带有病毒，那么你的移动存储设备便会被染上病毒，等你再在自己的计算机上使用这个移动存储设备的时候，病毒就会进入你的计算机。

"常备不懈，安全第一"，对重要的原始资料和软件版本，建立安全备份制度，尽可能复制一套经消毒的文件资料。"病毒"还能通过网络传播，所以上网的计算机也要注意"病毒"的传染。

计算机病毒的发作常常是依据计算机里的时钟，计算机自己有一个时钟，在关闭电源时，时钟仍然靠电池运行。例如在13日星期五发病的耶路撒冷病毒，如果事先知道病毒的"疫情"，发布病毒预报，修改计算机上的时钟就可以跳过这个日子，病毒便不能发作。

我国公安部组织力量研制了杀计算机病毒软件，定期对计算机进行"消毒"是一种常用的办法。

"病毒"是人为制造的，人类就有能力攻克它、消灭它。"病毒"的克星一定能制服一切破坏人类创造的高技术成果的"瘟疫"，尽管这种斗争将是长期的、艰难的，但正义一定会战胜邪恶。


## 千年虫出洞


当人们准备欢欣鼓舞地迎接新世纪的时候，计算机专家却忧心忡忡，因为"千年病毒"将在世纪之交时袭击所有的计算机系统。

"千年病毒"也称为"千年虫"，并不是某一个人恶意制造出来的，而是由计算机的日期显示方式所引起的一系列问题。这些问题要到 2000 年，即下一个一千年开始的时候才会暴露出来，所以将其称之为"千年病毒"。

计算机问世以来，一直采用某一年的后两位数字来表示该年份，如 1986 年，计算机将其表示为 86。在 2000 年之前，这种表示方式没有问题。然而到了 2000 年以后，计算机会把 2000 年和 1900 年同等对待，因为它们都表示为"00"。例如 1900 年存入银行的钱，在 2000 年到来时，计算机会把它当成刚刚存入的而拒付利息。航班管理系统，火车售票系统等日期在 2000 年后都会出现麻烦。几乎所有计算机应用软件都采用了这种计年方式，所以问题很严重。

人们意识到"千年虫"已有几年了，有不少人声称已找到了解决办法，也有一些人认为"千年病毒"不会造成多大麻烦。可以说，局部的解决办法确实存在，但要全面地、系统地解决这个问题不会那么简单，"千年病毒"麻烦不大的说法越来越站不住脚了。

美国政府曾宣布，政府各部门需要消除"千年虫"影响的计算机数量比以前所做的预测增加了许多，所需的费用也比以前的估计值增加了 10 亿美元，达到 38 亿美元。解决"千年虫"是一个十分麻烦的事情，日期在计算机的程序里到处都有。解决日期的问题就像要揭开一个弄乱的线团，有一处没有修改就会有潜在的危险。

我国国务院对此也十分重视，要求各部门充分认识问题的严重性，并敦促各部门提出解决方案。

千年病毒

# 纸币将要衰亡

## 列车紧急制动

28 次列车正以飞快的速度前进，车上坐满了乘客。一个解放军起身上厕所，走到厕所时把他吓了一跳，厕所里空无一人，但是，地上扔着一捆一万元的钞票。

发生了什么事情，是盗窃还是抢劫？这位解放军立即封锁了现场，并派人找列车员，就在此时，火车发出了一阵怪叫突然紧急刹车。

原来，一个个体户到外地采购货物，身上带了 3 万元巨款，他一直想不好放在什么地方，后来决定还是别在腰里。不幸的是在火车上上厕所的时候，1 万元一捆的钞票掉到便池里，火车的大便池和外面相通，钞票掉到路轨上。他一着急另一捆钞票也顺着便池的通道滑到车外，剩下的 1 万掉在厕所的地板上。这个人真是急糊涂了，也顾不上掉在地上的 1 万元，就跑去找列车长，幸好是解放军看见了。

列车长当即决定紧急停车，顺着铁路找回了巨款。当然，紧急停车是非常危险的，幸好这条铁路是一条新线，来往的车辆较少。

随着经济的发展，经济活动频繁，人们外出最头痛的就是携带大量现金，既不方便又不安全。这位采购员如果用信用卡，这类事情就不会发生。信用卡就是丢失了也不可怕，因为，密码在自己的脑子里，别人不知道，偷了信用卡不知道密码也取不出钱来，所以使用非常方便。

请看下面一个镜头：

夜深了，街上宁静无人，商店的门紧闭着，只留下灯火通明的橱窗。此时，一位青年男子急匆匆地来到一扇闪着灯光的玻璃门前，掏出一张如同身份证大小的卡片，插进去，只听见"喀……"的一声，玻璃门自动开启。青年男子闪身而入，走到一台嵌有荧屏的机器旁，将卡片插进荧屏下方的长孔内，并在键钮上按了几下。稍后，一张张百元钞票从机器里吐了出来。他清点了一下，露出满意的微笑。随后，他取回卡片，走出营业大厅，关上玻璃门，消失在黑暗里……

这好像是一部惊险电影中的镜头，实际上只是一个普通的自助银行，目前在我国许多城市都有了自助银行。

## 信用卡的发明

自助银行离不开信用卡。关于信用卡的发明由来，说来还有一段趣闻。

1950 年的一天，美国银行家拉尔夫·夏德尔请了一批社会名流在纽约一家大饭店共进晚餐，吃得杯盘狼藉。正待付账时，他突感不妙，原来他竟忘了带钱包！那种狼狈尴尬的处境可想而知。

回家后，拉尔夫对当晚的丑态一直耿耿于怀，无法忘却。前车之鉴，今后如何预防才不至于重演呢？慎重考虑再三，他找来了一批豪富巨商，共商大计。终于他们想出了一个吃喝玩乐时，既不必

带钱，又可抬高身价的万全之策……

这就是组织一家"晚餐俱乐部"，规定凡俱乐部会员，可以在纽约 27 家饭店，使用信用卡记账用餐消费。持卡人不必支付现金，只需出示信用卡，并在账单上签字确认，酒楼即会通过银行办理收款。

此举一出果真大受欢迎，入会者纷至沓来。于是，拉尔夫在 1958 年对外公开发行了世界上第一张信用卡——美洲银行信用卡，并成立了美国美洲银行国际信用卡公司。

## 为什么会相信一张塑料卡呢

我们从来没有怀疑过银行存折的可靠性。平时，在银行存取款的时候，我们要开户办理一个存折，存折上有一个账号。存折就是我们存取款的凭证，银行的职员可用肉眼检查存折的真伪和取款人的可靠性。

现在，银行配备了电脑，去办理存款、取款业务时，只见银行职员熟练地敲打着电脑的键盘，把储户姓名、存取款的数额等信息输入电脑，其他手续，如查账、算利息、出单据等，都可由电脑迅速、准确地自动完成。一笔储蓄业务所花费的时间一般不到半分钟。

储蓄所之间的电脑实现了联网，通过通信线路相联结，储户可以在这个网络的任何一个储蓄所通存通取，大大方便了储户。

计算机使信用卡的业务得到迅速的发展。只要把信用卡放到银行的电子自动取款机内，并把他的密码输入机器。自动取款机就会送出钱来，并在荧光屏上显示出存款的余额，用户认为准确无误，按一下电钮，在不到 1 分钟的时间内，就完成了全部取款过程。

信用卡上有一条短磁条，和录音带的磁带类似，上面记录着存款人的账号等信息。当把信用卡插入读卡机后，读卡机就能把磁条上的信息读出送到计算机里，还要求取款人输入密码。一切无误时，计算机就会发出命令，让取款机"放心地"付款了。所以用信用卡无论对银行还是对用户都是很安全的。

信用卡已成为现代消费信用的一种形式，且已作为商品经济高度发达和现代文明的重要标志。在许多国家里，持信用卡是一种身份的象征。警察对身上携带大量现金而无信用卡的人总是倍加注意，因为许多黑社会的人为了躲避银行的监督，才携带大量现金。

## 自助银行

过去，中国人在大部分场合，一直使用现款，使用现款除了携带不方便、不卫生外，国家为印刷货币要花费巨额的资金。钞票都是用很好的纸印的，还要有许多防伪标志，印刷钞票成本本身很高，还要消耗很多资源。

1986 年，我国第一张信用卡——长城卡在中国银行诞生，此后，长城卡一直以中国最有影响的信用卡姿态发展到今天，而且它已加入了万事达及维萨国际组织，其业务范围正扩大到世界各地。继之，国内各专业银行相继发行了牡丹卡、万事达卡、金穗卡、太平洋卡、龙卡……为人们提供了便利的服务。

有了信用卡不怕银行下班。在自助银行中，用户能使用银行的各种自动机械进行自我操作来实现服务。用户可以自我办理自动存款、自动取款、查询账户、修改密码、自我登录存折等多种金融服务，管理自己的各项账目，调动自己的资金。例如，你的信用卡里没有钱了，在自助银行能从活期存款中调过来。

就是你第一次去自助银行也不会为难，因为在触摸屏幕上有详细的提示，一步一步地指导你进行操作。

在自助银行中还能存款。在自动柜员机上插入自己的信用卡，并输入密码，当电脑辨认磁膜编码和输入的密码无误时，屏幕画面上即会显示出"请选择服务项目"的字样，此时，可按下"存入现金"等功能键。

你也许会问，存款时计算机是如何数钱的，实际上这件事还是由人来做的。用户可以先从银行营业大厅柜台上索取存款专用信封，然后，输入所要存入的现金数，屏幕画面上会同时显现所要存入的现金数。当用户核对无误时，按"确认"键，稍候，自动柜员机即会打印出一份存入现金多少的存款单。此时，用户可取下存款单，连同要存入的现金一并装入存款专用信封，并将专用信封插入自动柜员机的存入口，待自动柜员机工作后，屏幕画面会显现出"服务完毕"的字样，并自动打印出存款凭条供用户保留核对，自动柜员机即吐出信用卡。

当然，如果是在银行下班后，存款要到第二天上班时才能真正进入你的账目中，不过你不必为银行下班苦恼。

夜晚在自助银行里存取款是不是不安全呢？不会，因为只有持卡人才能打开自助银行的大门。而且自助银行每次只允许一个客户进入，如果里面有人，另一个人就是有卡也不可能打开大门，直到那个人出来。

你也许想过，能不能不出家门，不上银行，就能办理银行的有关手续呢？

现在已经出现了电话银行。用户能够借助任何地方的按键式音频电话，拨通银行的专线电话，即可在服务小姐亲切话音的指导下，办理所需要的各种金融业务。用电话可以为用户查询银行账户内的余额、查询存款利率、查询外省市汇率和黄金价格、办理款项修改密码、办理紧急挂失等。

# 电子钱包

现在商业上常为找零钱而头痛。零钱流通得快，损耗快，使用时常常感到短缺，有的小商贩用糖果或其他小商品代替找零钱。为解决这个问题，银行推出了电子钱包。

电子钱包虽然是一张薄薄的塑料卡，但是使用的时候，就跟使用装满零钱的钱包一样。

电子钱包的塑料卡里面有一个电脑芯片，叫作智能卡。购物时，店员把顾客的智能卡插入刷卡器中，收进电子钱。智能卡会记录下所购商品的数量和金额，顾客也可以检查"电脑钱包"里还剩多少电子钱，并可以"上锁"，以防"电子钱"被窃。电子钱包一般存入数量不多的钱。在我国第一家推出电子钱包的佛山市里一家百货公司里，一个小女孩熟练地使用电子钱包购买了冰淇淋等，十分方便。

你也许会问，电子钱包和信用卡是不是没有什么区别？

有区别，信用卡的每一笔存取，必须和银行有电线联接，经过银行的计算机核对结算，所以在许多零售小商店不能接受信用卡。电子钱包是智能卡，其内部有一个能存储信息的芯片，就像一个小电脑。智能卡可以自己管理财务，不受通信条件的限制。任何一个商店里有一个小刷卡机就可以结算，商店"收取"了电子钱后，下班时才和银行结账，所以电子钱包使用起来非常方便。

从远古时代的贝壳到近代的金元、银元直至现代的纸币，人们已经习惯于一手交钱一手交货的传统购物方式，人类对于金钱的经验现在遇到了电脑时代的挑战。试想，20 元面值的 100 万美元纸币重达 111 磅，等于 50.4 千克，而同样价值的电子钱的重量是零，并以光的速度在电脑网络上流通。或许有一天，看得见摸得着，揣在怀里挺踏实的钞票会被新一代的既无重量、又无形状的"电子钱"取而代之。

## 路路通

在高速公路上我们常看到一长串车停在那里，这是在做什么？原来在交过路费。司机从车窗里递出 10 元钱，收费人送出一个收据。动作倒也很迅速，十几秒就办完，但还是造成一长串车堵在那里。汽车要减速停车等待，浪费了大量时间。

但是我们也看到其中一条车道十分畅通，汽车毫不减速地通过，是不是车主有特权，不交费呢？

不是！他们在行进中交了费用。原来，在车窗上装着一块小卡，这就是一种射频信用卡，不用接触，收费站就可以从卡上收取过路费，人们称它为路路通卡。使用这种卡收费可以及时结算，解决堵车问题。结算的时候分四种情况：路口亮起两个绿灯，允许通过；如果发现卡中没有多少钱了，路口上就会亮起黄灯和绿灯，允许通过，黄灯提醒司机要去缴费了；当亮起红灯和绿灯的时候，说明车辆的卡中已经没有钱了，它的过路费是银行以贷款的方式替他交纳的，红灯提醒司机赶快去银行缴费；当亮起两个红灯的时候，就说明该车辆是非法通过，要截住罚款。

路路通卡，是一种用无线电进行操作的射频卡，也是一种智能卡。在操作时无需同读卡器接触，通过微波刷卡，因此交换信息速度较快。

路路通卡首先在佛山使用。广东珠江三角洲路多、桥多，为了回收集资修路修桥的费用，收费站点很多，造成了车辆的拥塞。路

路通加强了公路的管理，使管理向智能化迈进了一步。路路通在车辆通过收费站的时候，可以显示车牌，进一步可以在卡里记录车辆的其他数据，例如：车辆的单位、违章的记录等，只要车辆一通过路口，就可以在电脑上记录下来，方便了交通的管理。此外，路路通还为失窃车辆的搜寻提供了方便。

修了高速公路后还要有智能管理才能实现真正的高速。

各种不同功能的卡，将在我们的生活中发挥不同的作用，例如，汽车、火车的购票卡；高速公路、加油站的收费卡；医院的医疗卡（上面存有患者姓名、血型、病史等资料）；用于收取居民水电费的收费卡等等。

在食堂吃饭，要用饭票。饭票的缺点：速度慢、易出错，要花费大量人力物力去印发、汇总，流通中会传播大量病菌等，现在有许多机关、厂矿和大专院校用信用卡代替原有的饭票。食堂管理部门先把金额、姓名、编号、用户密码等写入使用者的饭卡中，用餐时只要将卡插入读卡器，输入密码，工作人员便可扣除饭菜钱。此卡很受人们的欢迎。

相信在不久的将来，我们每个人都会拥有几张卡，它会给我们带来方便、快捷和安全。

# 告别磁卡

有人担心钱包里放的各种各样的磁卡：银行的信用卡、支票卡、石油公司的汽车加油卡、大型百货商店的购物卡，这些卡一旦丢失而主人又未能及时报告会怎样呢？

这就给科学家提出了新的任务：能不能寻找一种不会丢失的"卡"，答案是肯定的。

指纹、声音、面部特征和眼睛等特征都可以取代磁卡上的密码成为你的身份证明。

指纹：每个人的指纹各不相同，你只需将指尖轻轻压在光学扫描仪上，指纹图像就可以转化成数据传递到银行的计算机上，计算机把这信息与其指纹数据库里的样品数据进行对比，便能判断真伪。

声音：声音识别仪可以把人的声音转化成计算机可辨别的数字信号，根据人的声音频率各不相同这一原理可以区分声音的主人，银行为防止有人用录音蒙混过关，该仪器还会要求客户重复一些随机选择的数字。这种仪器的缺点是声音信号的容量太大，且人的声音会因疾病和年龄而发生变化。

面部：这种识别方法要求在数据库预留客户面部图像的数字资料。每当客户站在识别仪跟前时，机器会自动给客户面部照相并将其转化成数字信号。它的不足之处是，外表极其相似的人可以蒙混过关，而真正的客户却可能因为面容的变化（变老、变胖或变瘦）而被拒之门外。

眼睛：眼睛识别技术是利用各人视网膜血管分布不同的特点，这种技术的专利属于一家名为"眼睛识别"的公司，它生产的第一台仪器问世于 1976 年，它的不足之处是客户必须凑到扫描仪的面前。人的虹膜各不相同，虹膜识别技术最基础的部分是科学家约翰·道格曼 1992 年发明的。由美国普林斯顿公司开发的虹膜识别功能的自动取款机，顾客只需在距离取款机几英尺的距离内一站，机器上的摄像机就能自动地聚焦在顾客的眼睛上，将其虹膜图像转化成 256 位的编码数据。然后，取款机再将数据传输到银行的主计算机上，与其数据库中的顾客虹膜样本相比较，整个识别过程只需几秒钟。

各种识别技术正在发展，不久的将来，在人们的钱包里也许一张卡一份证明文件都没有，因为人体自身特征就是最好的身份证明。

# 方便、舒适多媒体

## 皇后兼侍女

买电脑要买多媒体的是大多数人的选择。从 1994 年起，"多媒体"对我们来说就已经不是一个陌生的词了，从字面来看，"多媒体"是使用声音、文字、图像来表达信息。

最早的电脑用穿孔带输入，打印机输出，一副"铁青面孔"，关在科学院的深宅大院里，进行着保密的科学计算，看了令人生畏。后来电脑增加了屏幕和键盘，能处理文字和字符，走进了办公室，但是和家庭还是相距很远。如今的多媒体电脑五彩缤纷、能说会唱、活泼可爱，一下子就拉近了和老百姓的距离，使计算机从科学院和大学中走出来，走进千家万户。如今，多媒体被广泛地应用，它到底能涉及多少领域目前还说不清，因此，给多媒体下定义是很困难的。

什么是"多媒体"呢？

有人说：追求方便、愉快和舒适就是"多媒体"。

也许你认为这种说法并不科学，不严谨，这里说的是结果，多媒体将给我们带来的是无限的方便、愉快和舒适。电脑过去在人们的印象中是皇后，将来应该是侍女。

多媒体使我们坐在家里购物，多媒体使我们能玩五光十色的电子游戏，多媒体使我们看到光怪陆离的超级大片，多媒体使我们使用自动定向汽车驾驶导向系统，开车永不迷路……

苹果公司原总裁斯卡利说得更妙，所谓多媒体就是"好莱坞与硅谷的结合"，《侏罗纪公园》是一个多媒体的产物，是好莱坞和硅谷结合的代表作。

# 乌干达的恐怖之夜

1976 年 7 月 3 日深夜，乌干达的恩德培机场发动了一次极为成功的奇袭，一举救出了被劫机者扣押的 103 名以色列人质。劫机者受到乌干达政府的保护，以色列是在完全没有援助的情况下，孤军深入行动的。

以色列士兵击毙了 20 名到 40 名乌干达士兵，7 名劫机者也全部身亡，以色列方面只有 1 名士兵和 3 名人质丧生。

这次奇袭给世界留下了深刻的印象，以色列是如何在异国他乡完成了这项任务的呢？

以色列人的做法是在沙漠中按照一定比例建造一座恩德培机场的实体模型，然后，突击队在精确的模拟环境中，演练登陆和撤离，乃至实战攻击。在他们抵达乌干达展开实际行动之前，他们已经对恩德培机场了如指掌，可以在现场表现得和当地人没什么两样。这个办法真是既简单又绝妙！

以色列的方法固然好，但是费用极高。劫机事件时有发生，不能挨个模拟人质被扣的环境，或逐一复制可能成为恐怖分子目标的机场和大使馆建筑。再如，拍电影时，建设电影拍摄基地，耗资也很巨大。

能不能不用建造实体模型的办法来达到同样的目的呢？用电脑来做这件事，这就是多媒体的一个应用。

《侏罗纪公园》电影里的恐龙活灵活现，就像真的一样。有的人也许认为那是机器模型，设想一下，如果制造十几只巨型恐龙机器模型，其制作费用有多大。

其实恐龙模型是有一个，那只是为制作恐龙在计算机中的三维图像而制造的。特技专业人员根据模型，在超级计算机上花费了7个月的时间制造了一群形体各异的恐龙。他们和画面艺术人员配合，在导演的"指挥"下，恐龙在绿色如茵的山坡背景上活动，经过反复模拟、试验和修改，最后才有了一群活生生的恐龙。

电脑技术不仅给观众以全新的艺术享受，而且使传统的电影拍摄特技产生重大的突破，许多难度极高，"用传统方法拍摄一万遍，也不一定成功"的镜头，用电脑一次就成功了。

《阿甘正传》中，与阿甘"同台演出"的竟是人们熟悉的美国已故总统肯尼迪，他满脸笑容地"出场"与阿甘握手会面，这个"现实"使人目瞪口呆。正是电脑合成技术使这个高难度的合成镜头完成得天衣无缝。

拍摄《哈姆雷特》需要丹麦的古堡实景。实际上，演员只是在一个普通蓝色幕前走来走去表演一切。这是一个专门制作"数字景"的电脑摄影棚，用电脑数字技术制作的三维立体古堡与蓝色幕前演员的实际活动在这里完美地合成，在监视器上显示出来的就是哈姆雷特在古城堡的表演，一砖一瓦都可以"乱真"。

导演目不转睛地注视着监视器，看着古堡与演员合成后的效果。古堡的场景自动地随着演员的活动做三维立体角度的位移，每个镜头一拍完，演员和全体职员就可以立即看到刚刚拍好的合成画面，导演当场作出评论。画面的色彩、质感及合成的光影效果均由电脑控制并作数字化处理，演员不必等待雪天或日落，更不要在大雨下

倍受煎熬。无论是雨天、烈日下，还是日落时分、烛光中的夜晚，这些背景均可以由电脑来完成。

换布景能在极短的时间内完成。电脑操作员从电脑调出下一个数字场景，一按键盘画面就已出现在监视器上。

数字化布景非常省时，不同的背景一天之内可以穿插重拍两次以上，制片成本大大降低，用不着花巨资搭建古城堡的内外布景。往日，片子一拍完，布景就给拆了，而现在数字化布景一旦建立，如果要拍续集，此景马上可从电脑中调出，也可经过修改后用于另一部影片的拍摄。

## 激光、电脑裁新装

一位美国女青年走进纽约一家时装店，被一套款式新颖的服装深深吸引住。但是，她的体型偏胖。于是她问售货小姐，能否找到适合自己的这种时装，售货小姐回答："一定能!"

这位女顾客被售货小姐引入一个小房间，售货小姐让她脱下外衣立在一个平台上接受测量，霎时周围有无数彩色光束向她射来，并绕着她上下飞舞，4台摄像机同时对她进行摄制，几秒钟后，一切恢复正常。

售货小姐请她坐在一旁稍等片刻，没过多久，一套新设计的服装做好了。她换上后对着试衣镜一看，不禁喜出望外，新设计的服装巧妙地掩饰了她身材的缺憾。

为姑娘设计出称心新装的是激光三维立体扫描仪，上一节制作恐龙模型用的也是这种仪器。我们前面已经介绍过扫描仪，那只是平面的。立体扫描仪能从不同的角度得到人体轮廓的8面视图，使人体各部分的凹凸尺寸准确无误，获得一个立体的数字化人体模型。

人体表面各部分细节一览无遗，给计算机的设计提供了依据，所以才能设计出这么合体的衣服。

时装店购买激光扫描仪的投资并不便宜，但它所产生的经济效益却证明物超所值。服装业面临的问题是，只有一半人能够在店里购到完全合身的成衣，批量生产的成衣服装业，至少有 $\frac{1}{3}$ 因积压或式样过时而报废，所以百货商店里经常处理服装。

"激光电脑裁缝"不仅给服装业带来一场革命，在别的领域也取得耀眼的成果。古生物学家对出土的恐龙化石骨架进行激光三维扫描，并作数字化处理后，便能复制出逼真的恐龙骨骼模拟品，在博物馆展出，也能在电脑上还原恐龙真貌——这一点在电影《侏罗纪公园》中已实现了。

有些行将坍塌、亟待抢救的古代建筑物，可以先用激光扫描后，在计算机里保存它的旧貌，然后拆开修理后，按原样重新装配起来。

这项技术也给失去肢体的残疾人带来福音：医生对他们完好的另一侧肢体进行扫描后，可复制出几乎乱真的假肢。

如果你发挥自己的想象力，完全可以在自己的工作领域为"激光电脑裁缝"谋得一份新职业。


## "双向选择"看电视


现在我们很爱说"双向选择"，但是目前看电视就做不到。看电视要买电视节目报，电视节目是在一周以前安排好了的。如果你想看一部故事影片，只有等到节目表安排的时间，时间早了要等，时间过了就看不到。

如果你想看一个电视节目单以外的节目只好用录像机或 VCD

机，还要有录像带或光盘。

现在已经出现"交互式多媒体电视"，它和有线电视类似，但是有线电视不能点播节目，"交互式多媒体电视"系统可根据各人的爱好随点随播，使用者只要按下家中遥控器上的几个按键，就可以预约或者观看自己想要看的任何节目，而且被点播的影视节目只给你观看。计算机可以准确无误地计算出你应付的钱款，这就是"影视点播"技术。

"交互式多媒体电视"是电视、计算机与电话结合的产物。

你也许有过这样的问题，电视和计算机都有屏幕，两者有什么不同？是有些不同，一般来说，计算机的显示器"高级"一些，显示的图像也更清晰。

"能不能把两者合二为一？"

你想得很好，现在已经有了这样的产品，既可以当做电视屏幕又可以当做计算机的显示器，价格略高一点。

各国都在研究把电视和计算机合为一体的产品，不久就会大量上市。这样电视就是电脑，电脑就是电视，加上一根电话线，就可以成为"交互式多媒体电视"，可点播节目、玩游戏、进行影像检索、上因特网、购物等。

在点播节目时，有线电视广播台拥有一个大容量的影视节目存储数据库和高速传递信息的网络系统，它们与信息超高速公路组成一体化多功能"交互式多媒体电视""家庭影院"。

用户使用"交互式多媒体电视"，能像录像机那样以更多的方式观看。例如，当你选择体育节目的时候，处理器会存入你所选择的表演以及有关的各种资料的数字信息，你不仅可以正常观看，还可以暂停、倒放、慢放，如果前端设备传来的是多镜头信号，你还可以通过遥控器切换镜头，选择不同的观看角度，并可随时调出参赛运动员的各种资料。

## 我爱我的家

家庭交互式多媒体电视不仅可以让人们随时收看到自己喜欢的影视节目，还可以利用因特网得到更多更广的综合性多功能服务。

下面让我们来看看 N 先生一家每天的生活。

N 先生是某公司的职员，他和妻子及两个上小学的孩子居住在郊外的住宅区。每天清晨醒来，他先要在交互式多媒体电视浏览一下电子报纸，并在自己的笔记本电脑上记录下当天的新闻要目。

早餐后，他回到自己的房间在家里开始上班，每周只需去公司一次。通过电话线，如同置身公司的办公室一样，他可以从公司调用一切资料，并把自己的意见送给每一个需要的人。今天将有一个例会，挂在墙上的大屏幕上显现出一个个分隔开的画面，有总公司会议室，还有在家上班的有关职员的脸容，与会者犹如都在同一个会议室中。

此时，N 先生的夫人正端坐在客厅的交互式电视的接收机前，她已从屏幕上调出了居家购物的画面，在确认了衣服的款式和颜色后，现在正在订货。

今天也是两个孩子在家里的学习日，他俩坐在终端前，正在完成从学校传送来的作业。如有疑问，可在屏幕上向老师请教，或接通电子图书馆寻找有关资料。

在工作间隙，N 先生坐到一台小型装置前，测量自己的心率和血压，并将检查结果传送给医生。不一会儿，医生在显示屏幕上给 N 先生分析了检测数据，并提出了必要的保健建议。

晚餐后，他们全家围坐在闭路电视接收机前，欣赏电视节目。

这不是科学幻想。通过多媒体的交互电视系统我们可以在家里

轻松地完成下面的工作：

电子银行——将来个人的账目往来都可以通过银行划拨，包括个人的工资、房租、水电费、税金等，当用户在多媒体处理器上插入银行支付卡和输入密码后，可随时查看自己在银行的账目；

电子邮件——利用个人身份卡可以将你需要传递的邮件内容通过处理器安全、迅速地传给收件人；

电子游戏——当你想玩游戏时，交互电视会有几十种不同类型的游戏节目菜单供你选择；

电子学校——利用交互式电视，可以在自己的家里参加各种专业课的学习，并利用回传通道来完成作业；

电子博览——人们可以在电子"博物馆"里观看各种展览，如在"航空博物馆"里，将展出各时代飞行器的精品；

电子交易——通过交互式电视网络来实现买卖，讨价还价以及拍卖等交易活动；

电子旅游——交互式电视会向你介绍各旅游点和路线，甚至可以提供各旅游点的景观影片，并可以随时调出该景点的各种资料，如历史典故、风土人情等，而且这些资料可以同时以文字、影像、语音、配乐等形式播放。

目前，多媒体的应用使整个社会发生了过去无法想象的变化，它给人类带来从未有过的方便、愉快和舒适。

# 虚拟现实做超人

## 有惊无险去飞行

一架飞机的右侧发动机熄火了，飞机正在下坠，10000 米，5000 米，3000 米，眼看就要坠落到地面了，右侧的发动机突然发动，飞机转危为安。

好险啊！坐在驾驶舱里的驾驶员脑门上都沁出了汗水。实际上，这里没有危险，因为飞行员操作的是"飞机驾驶舱模拟训练装置"，它是空军训练中心用来训练飞行员的。

在训练中心，飞行员座位正前方展现的是宽阔的电子屏幕，屏幕上能显示出不同航线上的真实地形、地物和天气变化（昼夜、云雾、雨雪和夜间沙暴等），这些景象是真实的，是由飞机或卫星拍摄的照片与地图结合起来的产物。

驾驶舱内仪表上的指示灯不断地闪烁，飞行的高度、速度，室外的气温等数据显示在上面，和真实的一样。

飞行员端坐在驾驶座上，紧张地操纵驾驶杆、油门杆以及有关的开关、按钮等，飞行员完全置身在实际的飞行训练中，获得最佳的训练效果。

在飞行员操纵的装置上有无数的传感器，例如，当飞行员推动驾驶杆时，和驾驶杆连接的传感器把驾驶员的动作变成数字信号，送到计算机里，经过计算，在屏幕和"仪表"上显示出飞行员的操作结果。

不仅如此，这种模拟训练装置还能够自动捕捉和存储驾驶过程的数据，因此事后还能"重新播放"训练的全过程以进行分析。

模拟装置还能够提供一个逼真的航空港景象，用来培训空中管制员。这种模拟装置能展现出在各种照明条件和季节性天气变化的情况下，塔台工作人员在不同的站位上如何识别出空中飞机或地面车辆等，以及如何来实施空中交通管制。

在火车驾驶室模拟装置中，模拟景象展现在受训者面前的是一段长达80米的铁路路段及其周围的景象，教授驾驶技术时，使学员看得见，摸得着，帮助他们掌握实际的火车驾驶技术。

培养舰长也无须下海，轮船驾驶室模拟装置内设施与真实的轮船驾驶室一模一样，驾驶室窗外是一个宽阔的电子屏幕，能够重现轮船在某个海域所遇到的真实海浪等自然景象，座椅的颠簸犹如身临其境。通过这个模拟装置训练出来的新驾驶员，马上能上船正式驾驶轮船。

领航员在港口布局模拟装置上能够同时模拟5种不同类型的船舶和一套泊位交通服务系统，学会无论白昼或黑夜及有海浪情况下的领航技术。

多媒体为教学和训练工作提供了全新的工具，大大节省了培训的时间和经费。

## 虚拟球场看世界杯

对于球迷来说，能看到"世界杯"的现场比赛，是一生中的快事。但是足球的赛场就那么大，不可能容下太多的人。

看电视，不过瘾，那么激烈的场面小小的电视屏幕容不下。

20世纪90年代，在向国际足联申办2002年"世界杯"足球赛的报告中，日本提出了一项令世人瞩目的措施：将来用高新技术建造一个"虚拟足球场"，以满足亿万足球迷对"世界杯"足球赛的钟爱之情。这一设想披露后，立即引起了体育界、对多媒体技术感兴趣的人士和众多足球迷的关注。

什么是"虚拟足球场"呢？

按照"虚拟足球场"的设计方案，观众是坐在真正的足球场看台上，而不是坐在电视屏幕前看足球比赛。明明是空无一人的足球场，怎么能看到真实的比赛呢？

原来，他们打算在现有的足球场左、右两侧，分别建造高为35米、宽为80米的半球状拱形屏幕，主赛场上龙腾虎跃的比赛情况将由投影机投放在屏幕上。

两只眼睛从左、右两个屏幕上获得的略有不同的视觉信号在大脑中合成，就能感受到立体视觉效果。

为了使观众的左、右两眼分别只能看到其中的一个影像，必须佩带上一副专用的眼镜，这有些不方便。为此，有关的研究人员正在加紧开发新技术，力图使进入"虚拟足球场"的观众不必佩带专用眼镜就能在类似白昼的现场获得逼真的立体视觉效果。

"虚拟足球场"的屏幕和投影机等设备，都采用可移动式的结构。只要在举行重大比赛的当天，在各分体育场安装上这套设备，尽管绿茵场上空无一人，也依然能使数十万名球迷仿佛置身于观众摇旗呐喊、运动员你争我夺的现场紧张气氛中。

据称，这种带有独创性的体育比赛观赏形式，也同样适用于音乐会等其他娱乐场所。

在建造"虚拟足球场"的过程中，要涉及如何在巨大屏幕上实

现画面的高度精细化、实时立体信号处理等诸多问题，解决这些问题都离不开计算机。

## 过一把超人瘾

一位公司职员，在公司上班时，十分压抑。因为他的上司对下属很严厉，工作稍有疏忽就有炒鱿鱼的危险。所以下班回到家里，他一个人常常坐在沙发上发闷。

一次，他带上了孩子玩电子游戏的虚拟头盔，进入虚拟世界，在虚拟世界里，他变成一个超人，能上天入地，力大无比，有侠肝义胆，爱打抱不平，拯救弱者。事后，他感到无比的舒畅，从此他就迷上了虚拟电子游戏。

虚拟电子游戏和一般的电子游戏完全不同。这种装置能使使用者走进虚拟世界，去触摸和控制虚拟世界中的物体。

请看一个记者的描述：

我戴上了一个"空间时代"头罩，右手戴着一只银色的手套，在一个电脑创造的世界里进行了一次旅行。

这次旅行发生在弗吉尼亚的一间实验室里，电脑科学副教授波斯彻作我的向导。波斯彻按了几个电脑键之后，把我送入一个多姿多彩的人造环境。他招呼道："欢迎来虚拟现实世界观光！"

我走进了一个看似没有屋顶的房间，仰头一望，是蔚蓝色的天空和朵朵轻柔的白云，转头看见一堵装有搁板的墙，再往下一瞥，是一片黑白相间的方格地板。我用我那只戴着手套的手——这只手似乎在场景飘进飘出，从蜡烛架上拿起一支摇曳忽闪的蜡烛，并小心地把它从房间一侧的一张桌子上移到另一侧的一张桌子上。

突然，我发现一只鲨鱼在盘旋。它仿佛在估量着我的块头，是否够它饱餐一顿。主管我的逻辑思维的左脑告诉我，那只不过是虚假的鲨鱼，而主管形象思维的右脑却使我感到害怕。

为什么能感受到这么真实的世界呢？

我带的头盔式视镜，头罩上有两个小小的液晶电视屏，从这两个眼镜式的屏幕上看到的图像，相当于在距离 2.5 米处看一个 1.5 米大小投影电视的效果。每只眼睛前有一个屏幕，但场景略有不同，形成立体效果。我们知道，只有两只眼睛同时看一个东西才能产生立体的效果。每个眼睛看到的画面略有不同，一个靠左一点，一个靠右一点，两幅图形在大脑中合起来就形成了一个立体的世界。

另外还配备高精度立体声耳机，完全能产生立体的效果。这种景象与我在电影院中看到的立体图像有惊人的差别，因为在这种三维场景之中，我可以四处走动，并能真实地用戴着手套的手触及物体。

为什么能这样，关键是有电脑的配合，头盔里装有传感器能追踪头部的运动，电脑通过了解头部的运动便按着使用者的意图改变画面。当你的头向右转的时候，电脑就提供右面的画面，向左时提供左面的，所以你简直就是在一个真实的世界里行走。

为什么在虚拟世界里能触摸和控制里面的东西呢？这是由于你带上了一个数据手套，在数据手套里有许多传感器，能感知你手指的运动。传感器把感知的数据送到计算机里，便产生了与屏幕上影像的相互作用。例如，拧开水龙头，水从里面流出来。当然传感器也可以装在操纵杆、椅子或其他装置上。现在已研制成了一种数据衣，穿在身上，衣服里的传感器能根据你身体的动作向计算机发出信息，反过来衣服也会反作用于人，给人身上施加压力和摩擦力，使人的感觉更加逼真。

虚拟现实的最高目标是给使用者一种幻觉，使他觉得计算机创造的世界是真实的。当你碰到火焰的时候应该有灼热感，当你摸到丝绸时则会感到柔滑。如何增加这些触觉，这些研究正在进行。

# 走进虚拟世界

买房子的人都要看样板间，但是在房子还没有造好时如何看呢？

东京的一个房地产陈列室里，顾客戴上美国研制的头罩和虚拟现实手套来"观看"和"设计"一间顾客建造的虚拟厨房。顾客可伸手去开房间的门，查看一下设备是否安放得适当。如摆放不当，顾客可作调整，电脑还会计算并显示出调整后为实际工作设计的详细施工图。这是房地产公司用虚拟现实手段来推销住宅。

在一次虚拟现实的高级表演中，西雅图波音公司的工程人员"建造"了一架虚构飞机的计算机模型。戴上虚拟现实头罩和手套，他们就能打开一扇维护小门，检查机械零件或细看驾驶舱及客舱，或者检查控制器的位置和座位排列是否得当。

波音公司希望最终能把虚拟现实技术与电脑辅助设计站联系起来，这样，工程人员远在飞机实际制造之前，就能试验零件的安排情况，使这些零件早日得到修理和定型。

以色列在因特网上建立了一个虚拟实验室，各个科学家都能在那里进行实验，观察实验效果，进行学术交流。现在在许多大学里也开始建立类似的实验室。

商人对于开发虚拟娱乐的兴趣最大，普通的计算机游戏和虚拟现实的模拟比较简直是天壤之别。在芝加哥的虚拟世界娱乐战斗技术中心，人们排着长队付出9美元参加一次30分钟的游戏，其中包括操作10分钟采用了虚拟现实技术的战斗模拟程序。坐在安装在100个控制器和两个立体屏的驾驶舱里，游人可探测远距离行星，保护自己免受一辆巨型坦克的袭击，与激光枪射击展开竞赛。这听起来有点像许多电子游戏，但区别很大，虚拟现实游戏是立体现实，正如一家公司的代理人所说的那样，"你身处战斗之中，并非仅仅站在外面观看屏幕上的影像"。

在西雅图郊外，一只史前翼手龙猛然俯冲，袭击玩一种称之为"爪子噩梦"游戏的人。虽然玩游戏的人，仅戴头盔站在一间空荡荡的房间里，虚拟事件却使他们躲躲闪闪，低头弯腰，扭身拐行，那怪模怪样，逗乐了等待的旁观者。

多伦多的一个娱乐组织创造出一种叫做"未来现场"的虚拟现实游戏。身处不同国家的人能在一个场地中比赛，一方在加拿大，一方在意大利，通过卫星将游戏数据资料从电脑传向电脑。

## 地上太空行走

当哈勃空间望远镜首次送入太空轨道时，它不能按原计划运转，因为在设计上出现了许多问题。为了排除美国国家航空和宇航局的科学家们认定的各种故障，惟一办法是派人去。

然而，地球上没有零重力环境。模拟太空，一般是在水中练习操作，水有浮力可以抵消重力，人在水下的感觉和失重的太空类似。但是先前承担过维修任务的航天员发现，这里面有很大区别，例如，水的阻力很大。可以预料，修理哈勃空间望远镜的计划，将是在空间进行的最复杂的修理工作。

为了做好准备，"努力"号航天飞机的全体宇航员，在航天中心用一个虚拟现实系统进行训练，该系统将沿轨道飞行的物体的物理过程编制成程序。戴上虚拟现实头罩和手套，航天员们在空间行走，练习在虚拟"哈勃"上安装矫正透镜、太阳能电池嵌板和陀螺仪。这种训练使他们在太空中的修理工作获得成功。

# "真实"的战斗

一小队美国海军陆战队的士兵正在沙漠中搜捕艾迪德武装分子，突然前面刮起了一场沙暴，大风把沙尘卷起了90多米高。当这些士兵准备躲避这场沙暴时，在90多米高的沙尘中突然呈现了一个巨大的圣像。士兵们惊呆了，完全忘记了自己身处危险之地，丢下枪支，跪在地上顶礼膜拜起来。

其实，这一切只是虚拟的，是美国信息战专家们试放的一种能以假乱真的激光全息图像。据报道，美国已经成功地利用激光全息投影技术，产生了一组具有欺骗性的激光全息图像，进行了成功的试验。

虚拟现实对战争和军事训练也会产生巨大的影响。

过去研制一种武器需要反复地试验，才能从中找出数据，这要浪费大量的金钱。而使用了计算机仿真模拟后，有时只要实弹射击一两次就可以测得必要的数据。例如，有一种由美国洛克希德公司研制的模拟装置，能模拟"爱国者"雷达系统对空中目标的动态反应。展现在受训者眼前的景观与真实的战斗现场完全相同，受训者可以像参加实战那样学会怎样区别敌、我、友三方目标，以及学会如何采取适当措施攻击敌方目标和保护自己与友方的目标，一套这样的模拟装置可以接纳8位受训者同时受训。

战术战斗训练模拟装置能将防御部队的分布情况显示给进攻部队（受训者），用来训练进攻部队的突防能力；反之，也可以将进攻部队的阵列显示给防御部队（受训者），用来训练防御部队的反击能力。这样，各个兵种的部队可以不离开自己的训练基地，就能使部队进行战斗演习。

虚拟现实能再现战争场面，例如，波斯湾战争中的一次坦克战，一辆坦克向受试者猛冲过去，即便是久经战场的老兵在模拟训练中也全神贯注，严肃紧张，当战斗结束时个个都是大汗淋漓。在继后的实战考验中，参加过虚拟坦克训练的士兵远比没有参加过该种训练的士兵打得好。

为了使演习更加逼真，军事人员和电脑专家们甚至在实际战场测量了坦克轮子的滚印、距离和弹坑。

在未来的战争中，怎样把军事手段和非军事手段有效地结合起来，欺骗和迷惑敌人，达到不战而胜的目的，是摆在世界各国军界首脑和专家们面前的一个重要课题。

# 太空"罗盘"不迷途

## "全球卫星定位系统"

1995 年 6 月上旬，29 岁的美国飞行员斯科特·奥格雷迪为执行北约宣布的"禁飞区"计划，驾机在萨拉热窝以北的上空巡逻时，被塞族军队的地对空导弹击中，他失踪了，然而，6 天后，奥格雷迪却奇迹般地死里逃生。

尽管奥格雷迪本人对他 6 天传奇式的经历，没有透露任何详情，但我们可以肯定，他之所以能死里逃生而获得营救，与他随身携带的两件小玩意儿有关：一件是既可发射求救信号又可与外界联系的小型无线电装备；另一件就是"全球卫星定位系统"接收器。

什么是"全球卫星定位系统"？

"全球卫星定位系统"可以誉为天上的"罗盘"。

在 1991 年初的海湾战争中，美军第一次在战争中使用了"全球卫星定位系统"。一辆战车在伊拉克的茫茫沙漠里迷路了，全车人的命运全靠"全球卫星定位系统"了。有趣的是在无边无际的沙漠里，车子已经开进营地，车上的人还全然不知。美军官兵无不称赞它是茫茫沙漠中的一盏指路明灯，它不仅保证了美军在异国荒漠中成功地组织了一场卓有成效的战斗，而且还挽救了不少美国军事人员的生命，使其大出风头。

"全球卫星定位系统"又称 GPS，是美国于 1973 年作为国家战略计划而进行开发的。

"全球卫星定位系统"（GPS）由空间部分、地面控制部分和用户接收设备三大部分组成。空间部分由 25 颗 GPS 卫星组成，无论在何地何时，通过手中的接收器就至少可以同时接收到来自 4 颗卫星的信号，通过这些信号就可以确定自己的经度、纬度和海拔的高度，有了这些数据，就能在电子地图上显示确切的位置。

利用卫星定位的原理是什么？

先打个比方，例如在地面上有三个同学站在一个很大的等边三角形的定点上，你站在三角形中的任意一个地方。为了确定距三角形点的位置，三个同学在一个火光的指挥下，同时放一枪。但是你听到的枪声先后不同，这是因为声音传播需要一定的时间。从枪声的时间差，你便能算出你在三角形中的位置。

卫星定位的原理和上面的比方类似。24 颗地球同步卫星，它们在距地面 20183 千米的轨道上用两种不同的频率将定位信号均匀地发射到地面上，供全球所有用户使用。定位信号就是时间信号，用于地面监视和控制地球同步卫星，以确保卫星的定位时钟准确无误。也就是说，所有的卫星发出的时间信号都是一样的，一个地面接收机在接受到 4 颗卫星的时间信号时，却有先后差别。因为卫星的距离不同，电波的传播速度是一定的，据此就可计算出每颗卫星与接收器所处位置间的距离。然后，分别以这些距离信息为半径画出球面，球面的交点就是接受器所处确切位置的坐标。

目前，在美国普通体育用品商店就能买到的 GPS 接收器，手持式和便携式其体积很小，只有香烟盒那么大小，采用三节干电池作电源，携带方便，重量仅 500 克左右，可以用很小的天线接收信号。较差的能接收美国"全球卫星定位系统"中 12 颗卫星发射的信号，定位误差超过 100 米，好的"全球卫星定位系统"定位误差仅为 10 米，其精度几乎可以与军用定位接受器相媲美。日本最近推出一种带 GPS 的手表，每个戴这种手表的人不会迷路。

## 自动驾驶不怕睡觉

"全球卫星定位系统"所能决定的是经度、纬度和高度，只知道经度、纬度还不够，你具体在什么城市或街道还要靠地图。

地图是人类物质文明和精神文明的体现。数千年来，地图被人们制在沙土上、兽皮上、纺织品上和纸张上。在日常工作和生活中，人们使用得最多的是交通地图了，无论是外出旅游观光，还是驾车郊外度假，都少不了交通图的帮助。

然而，现在只要带上一个巴掌大小的声、图、文并茂的电子地图，就是只身走遍世界，也不会为"迷路"而发愁。

例如，被称为"北京通"的北京市城市地理信息大型桌面查询工具光盘，包括 3136 条街道和胡同，可查 1130 个小区、10000 家企业位置。除此以外，还能优选乘车路线，并可对邮编、民航班机、火车时刻、旅游景点、娱乐、财物、餐饮等进行查询。

20世纪90年代，在北京举办的现代汽车展览会上，上海大众汽车公司展示了装有这种卫星导行系统的新型车辆。安装在汽车驾驶室内的电子地图，看上去好像一台小巧玲珑便携式的电视机，其表面有一个长宽各为10厘米的液晶显示屏幕，机内装有一个光盘阅读器，可以阅读光盘电子地图。

通过机内的全球卫星定位系统可以把汽车当前所在的位置显示在电子地图上。司机通过屏幕上闪动的光标，就知道汽车当前所处的位置，而光标的箭头则指示着汽车当前行驶的方向和路线。通过

装在汽车轮胎上的传感器可以测量汽车的行驶速度,使位置的显示更准确。

如果你不知道路线,计算机能在电子地图上搜寻目标,寻找所需的数据,几秒钟后便能告诉司机走哪条路最节省时间。

司机驾驶时不方便看屏幕,系统使用娓娓动听的合成语音提示:"请你向左拐"、"请你靠右行"、"请你减速行驶"、"请你打开方向灯",就像你的亲密朋友时时伴随着你,为你指路,保你一路平安。

目前,已经研制出自动驾驶汽车,司机在电子地图上指定行驶路线后,汽车便能进入自动驾驶状态,就是司机睡着了,汽车也照样可以行驶。

当遇到交通高峰道路拥挤堵塞时,司机可以让电子地图作参谋,为你标出最佳迂回路线;当汽车发生故障抛锚时,电子地图能为你寻找距离最近的汽车修理部;当汽车发生意外事故时,电子地图也能为你提供附近医院、交通救援等部门的电话号码,通过无线电话寻求他们前来帮助。

## 电子"导游小姐"

电子地图还可以充当旅游者的"导游小姐"。当旅游车接近名胜古迹时,电子地图的高清晰度显示屏会自动显示出这个风景区的主要景点,并以悦耳动听的声音介绍人文景观的由来和特色。当旅游车经过一幢著名的建筑物时,人们会在屏幕上看到这个建筑物的外貌、内部结构和装饰,并听到有关它的各种介绍。

当旅游车开进高山峻岭时,旅游者也不必亲自攀登崎岖的山路,而可以通过电子地图的屏幕欣赏这里的四季风光:春天的鸟语花香,夏季的枝繁叶茂,秋季的姹紫嫣红,冬季的白雪皑皑。

专家们预言，在未来的战争中，每个士兵的手中，都会有一个电子军事地图装置。这样，无论他们是单兵作战还是集群作战，无论他们是在沙漠上还是在密林里，无论他们是步行前进还是机械化快速推进，都不会迷失方向。他们可以通过电子军事地图了解周围的地形地貌，能够看到指挥官下达的作战命令，在指定的地点和时间内迅速准确地完成各类战斗任务。

适用于儿童使用的多功能电子地图，可以帮助儿童寻找回家的路途以免迷路。同时电子地图也是一本地理百科全书，能为儿童提供世界各地风光的精美画面，此外还有电子游戏等功能。更令家长们感到欣喜的是，家长坐在家里就知道孩子所处的位置，通过这种电子地图可以随时随地与自己的孩子保持联络，以往那种不慎丢失孩子的悲剧不会再发生。

将来电子地图还可以为盲人引路，成为名副其实的"电子导盲犬"。这种电子地图装有语音识别系统，使用时，盲人可以通过语音识别系统，将自己的目的地输入电子地图，电子地图经过分析和计算后便会确定行走路线。然后，电子地图利用合成语音提示盲人，请他向左转，或者向右拐，按确定的行走路线一直引导他到达目的地。

## 定点测量造大桥

在开掘大型隧道时，两面对着挖，会不会挖偏了？当然有许多测量方法，但是都很麻烦。对地形变化剧烈的山地进行测量时，往往要砍伐树木，不仅辛苦而且造成自然生态的严重破坏。

在修桥筑路的测量领域，GPS系统正发挥着极大的作用。利用全球定位系统既可避免上述问题的发生，又可快速进行大面积的精密测量。1987年，日本在国内使用多台GPS接收器进行了标定点的精密测量。这样，可以测量出每个测量点的绝对坐标，误差很小。

横跨加拿大爱德华王子岛和新不伦瑞克两省的同盟大桥，已经在1997年建成通车。该桥跨度超过3个航道，全长近13公里，这座造价达5亿美元的大桥也是世界上第一座应用全球定位系统建造的桥梁。

由于大桥所在的诺森伯兰德海湾地区适宜建筑的季节较短，所以事先把大桥的185件主要构件在陆地上完成装配，然后装在远洋轮上，运到当地安装。

为了使组装过程十分精确，使用数套全球定位系统配合使用，可使桥梁构件放置的精确度达到0.6厘米以内。

"斯瓦南号"远洋轮上载有两台GPS接收机，一台装在起重机架重心位置的主桅杆上，另一台装在船的一侧。此外，在桥梁上还装有数台接收机。设在大桥墩基和桥柱上的接收机可使桥身各个部分的定位达到总工程师伯萨所说的"绝对精确"。

放置每一个预制构件大约要半个小时，全球定位系统每秒钟进行一次定位校准，伯萨估计，在44座大桥墩基和44根大梁以及连接主梁的插入式大梁的放置过程共进行了63万次运算。

建造大桥的设计总监罗斯·吉尔摩说："25年前我们无法造出这样的大桥，因为那时还没有这样先进的定位技术。"

# 电脑教练一丝不苟

## "常青树"的秘密

在传统的体育训练中，运动员运动技巧的改进主要是依靠教练员和运动员的自身经验。电脑可使运动员的训练不再凭感觉盲目地进行，而是置于科学的基础之上。

美国铁饼运动员、奥运会金牌得主艾尔·奥特，被称为运动场上的"常青树"。他曾在1956年、1960年、1964年、1968年连续数届奥运会上获得奥运会金牌，而且每次都刷新纪录。这对一个运动员来说是很不容易的。

他的秘诀是借助电脑的"神力"。他本人是电脑工程师，他用电脑诊断系统研究自己的投掷动作。用高速录像机拍下运动员投掷时的动作及投掷物出手后几秒钟内的运动轨迹和状态，然后让电脑程序研究运动员的动作以及身体各部分的相互配合等问题。

原来以为自己的技术动作是相当完美的，靠电脑的帮助，他找到了肉眼无法察觉的两个错误。电脑发现他投掷臂与身体所成的夹角不合适，还发现双脚正是最需要紧蹬地面之时，自己竟然跳离了地面，从而失掉一部分本应传到铁饼上的力。

电脑"教练"是一个很严厉的教练，它铁面无私，也从不厌烦。

电脑教练一遍又一遍地纠正投掷动作，解决造成投掷力量不足等问题。改正后，他投掷成绩不断刷新，后以 70.86 米的成绩刷新世界纪录。如果靠人来纠正，起码要 10 年时间，那时奥特已经退役了。

# 电脑"刘易斯"

美国加利福尼亚州南部的科托研究中心，计划搞一个"优秀运动员计划"。他们选择美国 30 名最拔尖的男女田径运动员，实地拍摄他们在比赛中所做的每一个动作，测量他们的每一次呼吸和每一下心搏，然后用电脑进行分析。例如，电脑模拟男子 100 米世界纪录保持者和汉城奥运会男子跳远金牌得主刘易斯，利用电脑帮助田径运动员进行训练。

研究人员以每秒 2000 个镜头的高速照片精确地分析世界跳远名将刘易斯所做的动作，把一系列跳远侧面图像储存进"跳远计算机系统"中，并把它作为其他运动员训练的样板。参加训练的运动员也是通过高速摄影把自己的资料输入电脑，电脑能自动地将这些资料与刘易斯的起跳角度、空中姿势及重心位置等数据进行比较，对运动员提出建议。运动员训练时可通过反复观看刘易斯的录像，在电脑的指导下，来纠正自己的各参数。而刘易斯本人也是在电脑指导下，确定助跑起跳最后 4 步的距离，从而取得了超水平的运动成绩。

用电脑能汇编运动员的生理资料。只要运动员回答了电脑提出的 10 个有关体重、睡眠、脉搏、饮食、排泄等方面的问题，电脑就把这些资料贮存起来，在需要这些资料时，电脑就能以图表的形式使之显示出来。电脑还可以帮助运动员回顾最近 3 个月以来的训练情况，如果有问题，比方说训练过度、厌食等，电脑都能及时向教练员和医生发出警告。

## 美国女排赞电脑

著名的美国女排教练塞林格与艾里尔博士多年来密切合作，使用高速的、高清晰度的摄像机把美国女排选手比赛时的情况拍摄下来。然后输入电脑，以一系列数字代替整幅画面，电脑就把每项技术分解为若干部分，进行分析。电脑会告诉在这种情况下运动员应该做什么动作，应该选择什么时机做动作，哪种扣球方法和扣球路线最为有效等，同时电脑可以制定出适合于个人情况的训练计划。

美国女排能在很短时间内从默默无闻跃到夺得洛杉矶奥运会银牌，跻身世界前列，在很大程度上得力于电脑的指导帮助。

体操动作往往是快速的、一瞬间内完成的动作，靠人的肉眼很难看出运动员的优点和缺点。单纯靠录像来进行研究，误差较大。如果把电脑与录像相结合，不但能精确分析动作，而且可以设计新的动作。

韩国汉城大学用每秒 64 个镜头的快速照相机把体操运动员的动作连续拍下，利用数字转换器把运动员身体各部分的位置、速度、加速度等显示出来，把这些数据输入电脑中，电脑就能够根据这些数据为运动员设计新的高难动作，也可以设计出一些生物力学的程序去帮助教练员和运动员理解转体或空翻的力学原理。

保加利亚有一个专门培养尖了运动员的应用科学中心，该中心正在利用电脑改进竞技体操运动员的训练过程。电脑可以为体操运动员制订一个控制体重的饮食计划，科学地安排全年的训练计划，把全年的训练分为第一阶段、第二阶段和赛前阶段。只要体操运动员把一天中训练的时间、比赛的日期和各个项目练习时间分配的百分比输入电脑，电脑就会告诉你每天各个项目应该练习多少分钟，什么时候开始编排动作，什么时候把动作连起来做，什么时候完成各套动作等等。

电脑还用于花样滑冰训练。用3架高速摄影机拍摄每个运动员的动作，电脑对动作进行分析后把反映蹬冰力量和腾空速度的镜头重新进行编排，再确定每个运动员在空中能做什么动作。

## 摔跤机器人

日本已研制出两种体育机器人，可用于摔跤和柔道训练。它们除了能准确地监视运动员的弱点外，还可供单人练习。摔跤训练的机器人高1米，直径为50厘米左右。当运动员抱住机器人作滚翻动作时，与机器人相连接的电脑会显示出力量的数值，这种机器人在运动员强化训练中大显身手。

还有一种"背起来摔倒机器人"，是专供运动员练习用的。它用橡胶制成，跟人体形状相似，身高1.75米，体重75千克，身着柔道服。当运动员把它背起来摔倒的时候，它能测出这一动作的速度和力度。

我国研制出的乒乓球发球机器人令世界刮目相看。这种机器人能根据指令，以不同的着球点、不同的速度、不同的旋转发球，供运动员进行最新水平的实战模拟，犹如我国运动健儿在奥运会等世界大赛中奋勇拼搏、勇夺金牌的实战那样。

我国将计算机技术应用于体育训练方面也正在赶超世界先进水平，此外我国还研制出中国象棋、围棋的电子棋盘和棋谱，可存储及重新演示出整个对局过程；还研制出由微机控制的游泳诱导训练仪、自行车诱导训练仪等。

# 人人都是艺术家

## 作曲只要挥挥手

音乐家、画家和作家常常被人视为脑袋里长有艺术细胞的特殊人才。音乐创作是凭作曲家的"灵感"，通过各种音符的协调配合，作出优雅动听的乐曲来的。贝多芬、柴可夫斯基、聂耳、冼星海等著名音乐家，都被人们公认为天才的音乐大师，在世界历史上要许多年才能出一个。

计算机能不能涉足音乐的殿堂呢？

有人认为这是痴人说梦，机器怎么能涉足音乐呢？但是，在电脑革命蓬勃发展的今天，这些旧的传统观念已经过时了。电脑能够帮助音乐家作曲、画家绘画和作家写作，这些电脑"艺术大师"正在大显身手。

有一位叫马乔沃尔的，他发明了一种乐器，只要你像乐队指挥那样舞动手臂，奇妙的、合成器音调的交响乐便从房间里的扬声器中倾泻而出。

这里的诀窍是一个电容传感，手臂每侧都有几组电极，手臂起了导体的作用，在电极之间挥动就会改变电容的大小。电极成了监视手所在位置的传感器，计算机所接收的信号量取决于手的确切位

置。电容器两个电极间的空间分成 128 个区，犹如空中的无形钢琴键。当你的手移动到某一个位置时就相当于触及了一个琴键，产生不同的声音或一组音符。如果你的手处于两区之间，就会得到两种声音的混合。发明人称它是超音乐。

"演奏此种乐器的惟一要求，是演奏者为活人。"一篇技术论文在介绍这台仪器时，干巴巴地说。

目前几家公司正在制作各种"手势乐器"的样机，人们在空中挥一挥手就可以奏出乐曲。

## "左嗓子"去卡拉 OK

马乔沃尔研究超音乐的目的是让普通人也能享受演奏音乐的快乐。他说："如今音乐界将太多的注意力集中在少数明星身上，而对一般音乐爱好者则有所忽略，我相信，如果你为他们提供表达音乐思想的工具，很多人都会演奏得很好。"

马乔沃尔设计了一种专为音盲使用的独奏器装置。你只需对着麦克风说上一两句话，计算机就会将其数字化，并解析成韵文，然后回头再唱给你听。按着指令，在音色上可以模仿最著名的歌唱家的音色。

这将给卡拉 OK 带来一次革命。"左嗓子"的人也可以毫不逊色地在大庭广众面前高歌一曲，这和放录音对口型不是一码事。你可以唱出一首录音带上完全没有的歌曲，是你自己创作的。

可在录音的伴奏下演奏柴可夫斯基的小提琴协奏曲，哪怕你根本不知道如何拉小提琴也不要紧。你所要做的只是移动琴弓，以改变音调和调节音量，由计算机奏出所要的高音。与此同时，管弦乐队在音乐允许的限度内紧跟你的节奏。

计算机控制乐器演奏的技术部分，而将情感和艺术因素（节奏、强弱）的表现留给演奏者。这样一来，即使五音不全的人也能享受演奏乐曲、成为音乐家的乐趣。

一种称为超乐器的音乐计算机正在实验中，这种超乐器一半是计算机，一半是乐器。它是将传统乐器及电子合成器的声音与计算机融为一体，用操纵杆操纵这类乐器，使得演奏变得非常方便。一对操纵杆连在一台计算机及两个大型扬声器上。低音及打击乐是预编程序，计算机通过操纵杆移动能进行钢琴独奏，钢琴可以每秒钟吐出 15 个音符，十六分音符犹如从电闪雷鸣的云中落下的雨滴，高速急骤，平滑的、富于节奏感的变音，也毫不费力。一个人就是一个乐队。

## 计算机作曲

美国科学家研制成功一台计算机，这个取名为"音乐智能试验"的计算机程序已经创作出一首莫扎特风格的交响曲——被命名为《莫扎特第 42 交响曲》（莫扎特本人仅创作了 41 首交响曲）——并已由圣克鲁斯加利福尼亚大学交响乐队公开演奏。

设计出音乐智能试验程序的圣克鲁斯加利福尼亚大学作曲家兼计算机专家戴维·科普说，这台计算机还创作了属于自己风格的5000 首作品。设计这个程序所依赖的基础是曾被莫扎特和 18 世纪其他一些作曲家使用过的"音乐掷骰游戏"原则，即先让计算机创作出一些能够以任意顺序演奏的音乐片断，然后按照掷骰子得到的点数把这些片断连接起来，这样随机组合，便写出了新的作品。

计算机编排程序和运算速度都快得惊人，作曲家可以通过电脑作曲机，在很短的时间内作出许多优秀曲子来，甚至能够谱写前人认为无法演奏，而不敢创作的曲子来。

由于电脑能够储存许多程序，可以奏出酷似一定风格的音乐。如电影、电视及一般纪录影片的背景音乐，也可以用计算机来创作。作者可以给出一个"动机"、"意图"，用计算机来订出各种旋律；也可以给出一组具有特征的乐章"素材"，让计算机作随机组合，或按一定程序连接及变换速度、音色等。

还可以利用计算机的大容量和高速度，对音乐理论进行研究，对音乐的本质、内在规律，对音乐与自然、与其他科学、与人类的思维活动及其他活动有哪些规律性的联系或相似之处等进行研究。

也许有一天，人人都是音乐家。

## 电脑"画家"破案有方

1990年10月6日，苏州白洋湾货场的值勤民警邱伯明和联防队员，发现从车厢里走下来一个男青年，模样和上海要求紧急协查的罪犯模拟画像十分相似，就立即截住此人，把他带到派出所。这名嫌疑犯名叫陆银忠，他在审查中百般抵赖。

但是，当审查人向他出示那张模拟画像后，并对他说："我们等你好几天了，你看像不像你？"陆银忠傻了眼，他盯着那张画得惟妙惟肖的画像，连声说："像！像！像！"然后供认了自己在上海的杀人罪行。

这张罪犯画像是上海铁路公安局的一名技术员张欣画的。9月15日晨，上海杨浦车站发现了一具无名男尸。紧急协查通知发往千里铁路沿线，但是半个月过去了，案情毫无进展，刑侦人员和公安干警多么需要一张罪犯的照片或画像啊！张欣受命迅速赶到南京，根据侦察员和司机提供的情况，画出了一个重要嫌疑对象的面孔：

电脑制作

眼角长长的，单眼皮，额头突出，低鼻梁，眉毛稀疏，短胡子。张欣给这个对象模拟了正面头像、正面全身像、侧面全身像。这些画像为公安部门侦破案件提供了有力的证据和线索。

张欣是一个出色的"画家"。但是，在破案过程中，人脑的记忆总是短暂而有限的，即使是训练有素的侦察员也未必能凭借自己的印象将一个人的形象画得逼真。

如今电脑画像可以代替人的工作，惟妙惟肖地将一个人的肖像画出来。据清华大学苏光大副教授介绍，该校电子工程系受公安部的委托，从1989年开始研究电脑模拟识别技术，1992年完成，1993年公安部在哈尔滨进行第一次推广，当时有11个单位使用。而现在，全国各大、中城市的公安局均已用上了此项技术。

电脑模拟识别技术的最大优点在于它能根据目击者的回忆，恢复罪犯的人面像。当案犯在案发后逃离现场，而公安人员又没有案犯的任何印象时，电脑模拟识别技术能在电脑上把案犯的面孔再现出来。这实际上是一个部件组合的过程。

人面是由各种不相同的部件构成的，不同的部件组合形成的人面各不相同。电脑绘像过程是利用电脑的存储、收集、处理的功能，首先将一个人的眼睛、鼻子、嘴巴、耳朵、前额、下巴、胡须、发型、肤色等各种特征输入到电脑中去，存储起来，然后根据证人的记忆，将各种器官特征逐一放映出来，让其辨认，直到证人确认无疑为止。例如，如果证人记忆中的罪犯长着一个蒜头鼻子，就专门给他放映各种形状的鼻子，让证人辨清，以后又逐步放映眼睛、嘴巴、耳朵等。这样仔细地拼凑，就可以将罪犯的真正面貌重现出来。公安部门按图追寻，罪犯便难逃法网。

这项技术将人像的变形、人像的绘画、人像的组合三者有机结合在一起，利用识别的方法，实现从无到有，从目击者脑袋里的一个模糊的东西到一个完整图片的转变。用电脑画像，整个人面像显得很柔和，尤其是边缘处理得很好，衔接自然，这样所形成的照片也比较接近真实人像。

形成照片之后，通过计算机联网可以立即送到各地，对打击流窜作案具有很大的实际意义。公安人员可通过联网把与罪犯有关的资料调过来，进行查对。在电脑里，能把人面像、指纹和痕迹联系在一起进行分析，有助于迅速破案。

电脑绘图还可用来设计款式新颖的纺织品图案，可以设计各种样式雅观的建筑图案。

电脑"画家"已经活跃在许多关键岗位上，担负着特殊的使命，随着电脑革命的深入发展，其足迹将遍及各行各业。

## 不花钱的"颜料"

当电脑走进画室时，画家完全摆脱了身穿工作服、衣服上到处都是颜料的形象。荧光屏成了画家的画布，调色板是屏幕上的一条色带，在色带上可以有百万种颜色，只要在屏幕上的色带点一下，荧光屏上就能变换颜色。

过去一支喷笔价值上千元，现在只要用手里的鼠标或光笔一点，在屏幕上各种型号的喷笔，任你选择。电脑中为你准备了各式各样的画笔和工具，在电脑里随便使用，用后也不用刷洗。

现在，电脑"画家"已经能够绘制出各种普通画笔所无法绘制的图画来，特别擅长绘制那些形状极为复杂的几何图。

电脑绘画大大方便了动画片的创作。

按照传统的方法，动画片电影胶卷上的每幅画，都是由美术工作者人工画成的。按电影原理，每秒生成 24 幅画，放映 1 小时的动画片，就得画 86400 幅画。如果每幅画的成本为 10 元，仅图画的成本就近 100 万元。所以动画片的制作有一定的难度。

计算机动画片制作系统为创作动画片提供了非常有用的工具。例如，只要把鸟的图像数据输入计算机，计算机就可按规定自动生成鸟在飞行时的连续画面。产生一幅图像的画面，需要计算机进行 500 万～7500 万次计算。电脑运行速度很快，可以在很短的时间内完成一部动画片的制作。

电脑绘画还有一大优点，就是能够给出形态逼真的立体图画来。正在兴起的三维电脑动画技术，它是先由电脑绘出平面图像，再把二维图像由抽象的平面变成富有质感的实体。一个飞机模型，只需通过光标，将三视图输入电脑，便可迅速合成形象逼真的立体图像，并可四面转动，从各个角度观察其结构。可见，三维电脑动画技术在工程设计中也十分有用。

在电视广告中我们常看到一个红苹果转眼便变为扁的，继而又恢复原状；一个山羊头不知不觉之中演变成一只狗头；一部火车突然扭动起来仿佛有了生命一般……这是通过电脑技术完成的。它可使立体图形随着时间的推移而发生形体变化，产生"四维"变化。

计算机还能保存艺术品，例如敦煌的壁画。如果你去过敦煌，看过莫高窟的壁画，那么你就会深切地体会到计算机储存与再现古代艺术辉煌的伟大意义。

敦煌莫高窟是世界四大文化遗产之一。距今 1600 多年的石窟群中，保存着 400 多个洞窟、2000 多个彩塑、45000 多平方米的壁画。那轻盈婀娜、满壁风动的飞天；庄重神秘、慈祥睿智的佛祖；姿容秀丽、温婉深情的菩萨……

栩栩如生的壁画、群像，与窟外的九重飞檐、半山腰的十里栈道，构成了富丽堂皇的佛教艺术长廊，令多少人神往，留连忘返。

但是由于千年来的自然风化和人为因素，包括外国"探险家"们的抢掠破坏，莫高窟的石窟、壁画遭受不同程度的损害，尤以风沙危害显得最为严重。

计算机储存与再现是一项重要的措施，一大批艺术家和科技工作者正携手攻关，让古老的艺术瑰宝进入计算机储存。

# 大夫医术倍增器

## 医院计算机管理

到医院看病很麻烦，首先是排队挂号，然后是等候病历。有的时候大夫闲着没有病人看了，可是你的病历还没送上来，只好再等一会。一个病人从看病到最后取药，要来回跑几趟，无数的等待折磨着病人。

随着计算机应用的普及，许多国家的医院都逐步建立起了电子计算机管理系统，上述现象会慢慢消除。

计算机能使繁多、复杂的医疗工作系统化、最优化，使医院的各项工作井井有条。医生的形象不再仅仅是穿着白大褂佩带听诊器，每个医生的身边都有一台计算机，由于这些计算机都已联网，因此，医生从电脑里可以立即调出你的病历，甚至是在其他医院的病历。

医院电脑管理的软件系统包括：医疗业务管理系统、病历管理系统、检查化验系统、药品管理系统、财会系统、病房管理系统等。每个子系统完成其特有的功能，各个系统之间又相互联系、协同工作。

计算机控制的情报管理系统，掌握着本市全部医院的情况，包括床位、医院特长以及值班大夫的情况，一旦有伤病员，电脑就可

以迅速提出最合适的医疗方案。

如遇到急病、交通事故、工伤事故以及自然灾害等情况，电脑能以最快的速度、最合理的安排抢救伤病员的生命。

计算机广泛应用于医疗诊断仪器设备中，大大地提高和扩展了它们的作用和功能。微处理机的自动生化分析仪，用 1 滴血可以同时进行 30 个项目的检查，化验结果一出来就会显示在医生的电脑里并输入你的病历。病人再不用站在化验室门口等候了。

医生通过语音输入系统，只要对着电脑说出处方，处方就能输入到电脑中，打印机就立即把药品单打印出来，药品价格和诊断费用也同时被打印出来。你的医疗费用也可以自动地从你的医疗信用卡中扣除。

不需要病人动一步，一切手续都能很快完成。

如果病人住院，医院往往采用看护病人的机器人，用它来取代部分护士的工作。日本的一些大医院还给患者的喉部安装了电子微音扩大器，只要轻轻发声，就可指挥机器人护士工作。

由微处理机控制的临床监护仪用于监视正在接受治疗或治疗后处于恢复期的病人的生理状况。用电脑控制信号的检测、分类、判断和记录，不仅大量地节省了医护人员的劳动力，而且实现了不间断的准确记录，为医治疾病提供了准确的资料。

## CT—— 电脑时代的产物

许多人都做过 X 光透视，也看过透视底片。外行人看底片黑乎乎的，看不出道道来，唯有有经验的大夫才能看明白。由于人体是立体的，照在一张平面的底片上，影像互相重叠，前面的影子挡住后面的影子，没有立体感，不容易分清楚毛病到底出在哪里。

这件事情引起了美国物理学家科马克的思考。科马克出生在南非，1955年他在一家医院照管放射科的工作，他不是医生，但是按照南非的法律，医院在进行放射性治疗的时候必须有物理学家的监督。科马克很快就对癌症的诊断和治疗发生了兴趣，他也发现了X射线在诊断上的缺点，由此萌发了一个要改进放射治疗的念头。

怎样才能区别出重叠的影子来呢？

平时，我们观察一个立体物体，要从前后、上下、左右、深浅几个角度去观察，只有这样才能充分地表现它的立体特征。道理很简单，假如有一棵树，树后面站着一个人，从前面看不见，但是转一个方向就可以看到。

所以，要想让X射线透视表现人的立体影像，也要从不同的角度来照射，拍摄许多张照片，只有这样才能解决影子重叠的问题，才能看到不同器官。这就是X射线断层扫描仪（简称CT）的基本原理。

这个道理任何人都能明白，但是在计算机技术不甚发达的当时，把这个思想付诸实施有一定的困难。只有计算机才有处理大量的数据的能力。限于当时的条件，科马克并没能把这件事进行到底。

最后制成CT扫描仪的人是英国的豪斯菲尔德。豪斯菲尔德是一名计算机专家，1918年出生在英国的农村，从小就喜欢动手，13岁的时候就用一些零件制成一台电唱机，15岁时制成了一台收音机。1951年，他在法拉第·豪斯电气工程学院毕业后不久就主持研究英国第一台晶体管电子计算机。他曾经研制出一台能识别印刷字体的计算机。

1969年底他开始着手研究第一台CT样机，1970年10月完成整个设备。他把接受器得到的信号输入到计算机中，存贮起来，然后进行分析和计算，最后显示出一张张清晰可见的反映人体内部各个断层的图像，比一般的X光照片的分辨能力要高100倍，就是直径只有几个毫米的肿瘤也可以看见。

由于当时的计算机很不完善，处理第一个断层照片整整用了两天的时间才处理完。这太慢了，不实用。后来改用了更好的计算机系统，这个问题才得到解决。1972年科马克制成了第一台CT机，引起广泛的注意，CT扫描技术很快得到世界的公认。

当我们去作CT检查的时候，你会看到一台乳白色的大型机器，之间有一个舒适的检查床。病人躺到床上后，检查床会自动地把病人送进一个圆洞里。如果检查病人头部，X射线管便在患者的头部旋转，一束束的X射线，横切着射向人体，射进人体后，一部分射线被人体吸收，另一部分透过人体被人体下面的X射线接收器接收。由于人体的正常组织和器官与病变对X射线的吸收和透射的程度不同，接收器接到的信息就不同。当受检者的身体旋转时，X射线就从各个角度、各个方向来进行投影，投影的角度越多，关于人体的信息就得到越多。最后摄制成一张或数张X线底片，上面清晰地呈现出人体的组织，就是一个极小的肿瘤也可以看到。

1979年，豪斯菲尔德和科马克共同获得诺贝尔生理学及医学奖。他们两个人都不是学医学的，而且没有博士学位，他们都没有想到自己会获得诺贝尔奖，因为他们不是为获奖而工作。他们的功绩，人类永远不会忘记。有人说，没有CT扫描仪，现代的神经内科和神经外科根本就无法工作。

## 虚拟手术解难题

随着电脑技术的发展，CT已经变成外科医生手里的有力工具。

美国波士顿儿童医院最近收治了一位叫特里的14岁女孩，她因遗传造成面部有很大的缺陷。这位女孩的两眼分得很开，而且眼球突出，眼眶很大，几乎不能留住眼球。女孩的下颌突出超过上颌，就是常说的"地包天"，这不仅有损面容，而且影响她吃饭。上学的时候同学们不愿意和她一起玩。医生很同情她，决心为她整容。

阿尔托贝利大夫提出："我们要把她的前额和眶骨前移，让她的眼睛靠近些；并将她的上颌前移、下颌后移，使二者相合。"

显然，手术非常复杂，按常规，患者必须经过 2～3 次手术，而且手术中的每一步都和上一步的结果密切相关。而每一次手术的恢复时间都长达几个星期，甚至几个月。这势必给孩子带来很大的痛苦。

大夫决定请电脑来帮忙。在计算机图像学专家威廉·洛里森和物理学家哈利·克莱的配合下，他们一起编制了软件。用 CT 对女孩的头部进行扫描，转换为数据，并将该数据送入电脑，电脑立即显示出一幅近乎逼真的立体头部图像，头部的内外都显示了出来。

阿尔托贝利便在屏幕上排练这个手术。他用一把小小的"电子手术刀"在计算机上演习，将患者的头皮从脸上"剥开"，以露出底下的骨头。然后，进一步探知这些变化是否会影响她的视神经、脑组织和其他重要部位。他"切开"眶骨，并将患者的眼睛"移"得更近些。最后，他"重新安置"患者的上、下颌，并在屏幕上模仿咀嚼的动作，以保证二者配合完好。在屏幕上进行了以上一系列的手术以后，计算机再把患者的头皮重新安置到新的骨架上。经过反复的排练，阿尔托贝利对这女孩面部的整容也就心中有数了。

经过电脑排练后，阿尔托贝利还利用计算机数据控制一台铣削机床，制造了一个塑料头盖骨模型，和女孩的头骨一样，实际进行切割，以帮助他练习这次外科手术。经过几次排练后，阿尔托贝利只需一次手术就能重建患者面部的骨头和上面的软组织了。

实际手术进行了 22 个小时，特里对手术非常满意。利用相同的虚拟现实技术，医生为另外 20 位病人矫正了面部畸变，这些手术在过去都认为是不可能做的。

# 万无一失开头颅

假如有一个梨子，你怎样才能了解它的全部呢？切成两半，不行，如果在 1/4 的地方有问题，就发现不了。再切小一点，再小一点，最好的办法是把梨子一片一片地切成很薄的薄片。这样无论梨子的什么地方有一点瑕疵都会发现。

医生了解人脑子的构造也是用这种方法，他把病人头部切成 3～5 毫米厚的一块块小片，整个成像过程就好像切面包似的。

说到这里，你一定不明白了，怎么能把病人的头切成片呢？

不要担心，不是真的切开，而是用 CT 或核磁共振成像仪，用"透视"的方法切割。通过计算机收集一系列切开的平面图像进行综合处理，每一幅图像代表着患者头部的"一片"组织。计算机将患者的头部"一片一片"地连接起来，形成三维立体图像，整个头部的结构便清晰可见，呼之欲出了。

科学家在计算机里制造出一个"真正的头颅"，不仅可以在计算机屏幕上进行旋转，使医生能从不同角度观察病人的大脑，还能用电子"手术刀"给它开刀。借助这些图像，医生们可以将各种组织一层层地剥开观察。他们可以在几秒钟内除掉患者的头皮、粉红色的肌肉，现出惨白的头盖骨。头盖骨除去后，就暴露出大脑皮层。

研究这些问题的目的是为了更好地为病人做手术。大夫们在做脑瘤手术时，遇到的困难很大，因为在外科大夫们的眼中，脑肿瘤和其周围健康的脑组织外形没有什么差别。为了保证除净所有的肿瘤，就要除掉大量的健康组织，就是这样还可能残留部分癌细胞。人体其它的部位多切除一点问题不大，脑细胞可不一样。

为此，大夫在计算机上先进行演习，拟好手术方案，甚至排练整个手术过程。例如，要除掉患者大脑深处一颗胡桃般大小的肿瘤，大夫得把由核磁共振成像仪所获得的患者头部的图像全部调来，进行仔细的研究。大夫可以任意旋转患者在计算机里的头部图像，从不同的角度对肿瘤进行观察，以找出一条通向肿瘤的最短、最窄的途径。肿瘤和健康组织，在肉眼看来，二者并无区别，但是计算机图像能区分各种不同的组织：骨头、灰质、白质、脑髓液、血管乃至肿瘤等，能确认大脑恶性肿瘤的部位和形状。它可以帮助大夫尽可能少地损害健康的脑组织且不至于割断任何血管，同时还能帮助大夫除掉每一个癌细胞。对病人来说，这真是极大的福音。在实施手术前，外科医生利用这种逼真的头部模型，可以大大缩短手术时间。

医学专家预测：通过核磁共振成像仪和计算机断面成像等技术，几年后可能就只需用一根针就能除掉肿瘤，且几乎不损伤任何健康组织，病人根本不需任何康复时间。

## 叫疼不迭的电脑

虚拟现实技术对于培训医学院的学生也是一个极好的工具，学生用虚拟小手术刀在虚拟人体上开刀。

在美国，就研制出了这样一种别出心裁的生物机器人。其头颅里装有电子神经系统，而且有牙齿、牙龈、舌头和眼睛、鼻子，供牙科实习医生"习艺"和"练功"用。实习医生可在生物机器人身上"实习"，一旦牙钻偶然失误，钻错了地方，"患者"便立刻呻吟，叫痛不迭，与此同时，"鲜血"从人造的牙龈中冒出。注射时，橡胶舌头能主动收缩或退避一旁，听从医生的指挥。如果打针技术欠佳，机器人眼睛里即刻涌出串串泪珠，脸上露出痛苦的表情。

一种新药研制出来，为了保障病人安全和确保治疗效果，常常要进行生物试验。如果生物试验是安全的，最后还要在人体上进行试验。直接在病人身上做试验，是有一定危险的，计算机为解决这个问题提供了新的方法。计算机的应用使传统的生物模拟、物理模拟发展到计算机仿真的新阶段。

所谓计算机医疗仿真就是用计算机来描述病理过程，用数学表达式做成药化学动力学模型，编制成程序在电脑上运行，以模拟某种被测量的药物在体内吸收、分布、作用和排泄过程，从而达到认清和把握生理规律的目的，而无须在人或动物身上进行试验。这个系统不仅能用于药物的研究，还可以指导医生正确用药，改进制药工业，因此，它具有很大的经济价值。

# 电脑能战胜人脑吗

## 为什么选择国际象棋

电脑是人类创造出来的，电脑能不能超过人脑，这是人们很感兴趣的一个问题。许多科幻小说预言地球终将会被电脑机器人所统治，人类将变成机器人的奴隶，苦不堪言。

发生在 1997 年 5 月的人机大战引起了全世界的关注。"深蓝"计算机与国际象棋大师卡斯帕罗夫经过 6 盘的艰苦奋战，卡斯帕罗夫最终以两胜三和一负的战绩败给了"深蓝"。这件事情引起了轰动，众说纷纭。

首先经受考验的是人类的面子。人的创造精神、想像力和应变能力能否比电脑快捷精确呢？

卡斯帕罗夫是当代国际象棋的顶尖高手，今年 32 岁，他自 22 岁夺得世界棋王以来雄霸棋坛已达 10 年，一直无人超越。

有人会问，人类和计算机可以较量的项目很多，为什么要选择国际象棋不选择围棋呢？

主持"深蓝"研制的谭崇仁博士讲道："我们之所以选择国际象棋，不仅是因为 IBM 的科学家们喜欢下国际象棋，还因为它提供了研究计算机结构的最佳基准程序。其规则相对简单，但检索结果的计算过程却极其复杂近乎无穷尽。"

这句话如何理解呢？

首先，国际象棋走棋时有一定的规则，计算机分析起来比较简单，而围棋的弈技要复杂得多。围棋的黑白两色棋子在棋盘上构成复杂的交叉图案，计算机分析起来很困难。有人打比方说，国际象棋和围棋的关系，就如同武术与拳击，武术是一种体操，有一定的套路和规则，而拳击则是实战，不知道对方会出哪一招。

下棋的人都知道，走一步要看三步，当然看三步棋是绝对不够的。根据科学家的研究，国际象棋每一步棋后面可能发生的结果达$25 \times 10^{146}$。这是一个十分巨大的数字。世界上最好的国际象棋大师卡斯帕罗夫每秒仅能预想 2 步至 4 步棋。"深蓝"每秒可计算 250 亿步棋，最后做出最佳选择。粗略估算，假如卡氏不停地思考，每年思考 1 亿步，把所有的可能都想到，要想大约 2500 亿亿亿亿亿亿亿亿亿亿亿亿亿亿亿年，地球早已消亡了。国际象棋的这个特点对考验计算机探求各种可能性是一个很好的课题，所以国际象棋是判断计算机解决世界上大量复杂问题的能力的一种考验，是理性思维的一种范例。

解决事物的一个主要方法是推理。例如看病，一个人发烧了，发烧不一定就是感冒，病因很多。好的医生从病人的各种症状中推理出病因，对症下药。当然，对人类来说推理不是惟一的思维方法。但是，就计算机来说，目前几乎是惟一的方法。用计算机看病，就是将医学专家的经验输入到计算机中，形成一个专家系统，计算机的作用就是在这些现成的东西里寻找最合适的。

另外，国际象棋诞生至今已有两千多年的历史，世界各国拥有不少专业棋手和业余爱好者。用计算机进行国际象棋比赛也渊源已久，从 1970 年美国主办计算机国际象棋比赛开始，美国计算机协会把一年一度举行这样的国际象棋锦标赛作为制度规定下来。计算机弈棋的历史已不算短，已积累了大量的软件和丰富的经验，这也是人机大战选择国际象棋的一个原因。

1989年，"深蓝"的前身叫"沉思"的计算机和卡氏对弈两局，均被卡氏轻易取胜。当时的计算机比较简单，电脑中记忆的棋谱比卡氏多，但是，论智谋，不如人。卡氏开始按常规走棋，发现不如电脑。后来，卡氏摸到了计算机的棋路，他装着犯一点小错误来麻痹电脑，电脑在自己的数据库里找不到这种"愚蠢"的臭棋，于是不知所措，最后败给卡氏。因为，人的头脑里装的不只是固定的棋路，还有智谋，这是卡氏取胜的诀窍。

## "深蓝"出世

1993年，"深蓝"诞生在 IBM 设在纽约州的托乌斯·沃森研究中心。使"深蓝"来到这个世界上的主要"接生者"是来自中国台湾的几位计算机天才，前面说的"沉思"，是许峰雄读大学时参加研制的。

刚刚诞生的"深蓝"重达1.4吨，带有32个处理器，外表如同安放在绿色底座上的两个并排而立的黑色保险柜。

"深蓝"的第一项任务就是实现它的设计者们的梦想——战胜独占国际象棋棋坛10余年的俄罗斯棋王卡斯帕罗夫。

1996年2月间，为了纪念50年前人类历史上第一台具有实用价值的电子计算机 ENIAC 的诞生，在美国费城进行了6盘人机对抗赛。这是人脑和电脑的一次重要的较量。

美国计算机协会组织了这场对抗赛，胜者重奖40万美元（败者获10万美元）。当然，双方争夺的并不只是这几十万美元。

卡氏也充满自信，他甚至建议胜方应囊括所有的50万美元奖金。

第一天，开始比赛的第一盘卡氏出师不利，仅走了三十几步，旁观者还没有醒悟过来时，卡氏已经认输败给"深蓝"。卡氏离场时一言不发。于是一些人预言"深蓝"肯定势如破竹大获全胜。

第二天，卡氏总结了失败的经验，一开始送子给"深蓝"吃，计算机不知这是圈套果然中计，输了第二局。

但是，第三、四局，卡氏力不从心，略有失误，就被电脑逮住，只能勉强求和。至此，"深蓝"小组非常乐观。卡氏发现对电脑也不能故伎重演，他也改变战术，以愚制刚，假装平庸以松懈电脑的对抗意识，逐渐积累一些小优势，直至最终的胜利。果然，卡氏在休整一天后以新战略出战。

卡氏赢了最后两局。

在第五局，"深蓝"频频失误，"深蓝"支配的马被困于中盘，计算机没能采取有效的措施。看来"深蓝"虽然计算能力很强，但其国际象棋知识还很欠缺。

在 1996 年的人机大赛中，卡氏最终以 3 胜 2 和 1 负的成绩击败了"深蓝"，维护了人类的尊严。

# 5 岁"深蓝"苦修炼

1996 年的"人机大战"中，"深蓝"的"保姆"们发现计算机在棋的着法上有失误。但在比赛间隙，程序工程师不敢对它的程序进行修改，因为他们不能肯定修改会对整个系统的其他部分产生什么影响。

为了洗刷失败的"耻辱"，"深蓝"的 5 位"接生者"兼"保姆"花了 15 个月时间在沃森研究中心对它进行改造，使它的国际象棋水平有了一个令人刮目相看的飞跃。他们对"深蓝"的程序进行了修改，使他们可以在比赛间隙对它随时进行调整。

更为重要的是，"保姆"们为"深蓝"设立了一所特殊的"棋艺学校"，由国际象棋特级大师乔尔·本杰明"专职陪练"。经过一年多同人类棋手不断"交手"的"锻炼"，"深蓝"很有进步，它"虚心学习"，下棋越来越有"人味"了。卡斯帕罗夫已无法再像1996年那样，轻而易举地使用反计算机策略把它的弱点全部"击穿"了。

1997年5月，人机再战。来自中国台湾省的谭博士在赛前相当乐观，认为"深蓝"将以4∶2取胜。

"深蓝"的"脑力"由250个能协同工作并进行运算的中央处理器构成，3分钟内可以分析500亿种不同的棋势。"深蓝"在存储器里把历史上2000盘名家对局中的每一步都分析得非常透彻，并且排列整齐，可随时调用。

第一局，卡氏先开棋，他很快抓住了计算机的弱点，最终获得了胜利，看来卡氏还是很厉害。

第二局，"深蓝"有极出色的表现，下了36步，"深蓝"停下开始长时间地"思索"。这说明了，计算机已经不能从现成的棋谱中找到对策。突然，"深蓝"以卒兑子，而没有进后，去占据显而易见的优势阵地。这一着使卡斯帕罗夫目瞪口呆，大惑不解，计算机怎么能走出如此的妙棋。

随着战局的发展，卡斯帕罗夫一直没能缓过劲来。两个半小时过去后，"深蓝"占有了明显的优势，卡氏开始设法求和，最后不得不认输。人们很少看到卡氏在下国际象棋时如此痛苦。

事实证明"深蓝"小组并没有胡夸海口——"深蓝"虽然没有取得"压倒性的胜利"，经过6盘的艰苦奋战，"深蓝"最终还是以两胜三和一负的战绩将卡斯帕罗夫"拉下马"，赢得了110万美元奖金中的70万，余下40万成为卡斯帕罗夫的"战败抚慰金"。

# 儿子得了 100 分

全世界都密切关注着这场比赛，106 个国家的 400 万用户通过因特网观战 7400 万次。国际社会对卡斯帕罗夫败给了超级计算机"深蓝"普遍感到震惊。西方许多人士忧心忡忡，甚至认为这是"世界末日"来临的前兆。

也有人为此欢欣鼓舞，把"深蓝"得胜比喻为"儿子得了 100 分"。

"深蓝"是人类智慧的结晶，在计算机的数据库里装的是人类的智慧，人类不会对自己智慧的产物发生怀疑。

IBM"深蓝"项目计划组负责人谭教授说："我们'教授''深蓝'与世界上最杰出的国际象棋大师下棋的意图是什么呢？就是为了显示如何利用技术的力量为人类服务。"

每一项技术的进步都会在社会上引起争论。例如，蒸汽机车出现时，为了防止撞死人，一个人必须跑在机车前面摇旗呐喊；缝纫机刚刚发明的时候，曾多次遭到手工缝纫工人的反对并捣毁发明的缝纫机，他们认为缝纫机夺取了他们的饭碗……

新技术使人们能更便捷、更有效地从事体力劳动。我们祖先最先将石头打磨成铲形，用以犁地；磨成箭头，用来打猎。没有这些工具，我们至今仍会过着茹毛饮血的生活。工业时代，机器迅速改变了繁重的体力劳动，无须太多的人就可以耕作。

每次新的工具出现，都会引起一部分人的反对和恐惧，其实这是大可不必的。计算机使人类进入了信息社会，但是，电脑永远不会取代人脑。

卡斯帕罗夫对于败给"深蓝"并不服气，他在赛后说，这次

"人机大战"说穿了是几位顶尖级别的国际象棋大师通过"深蓝"对他发动联合进攻。他说,那些装在"深蓝"里的"大师"们对他的棋局了若指掌,而他却对他们一无所知,因此这是不公平的。

他同时承认,由于1996年"人机大战"的胜利,他对实力已经大大提高的"深蓝"估计不足："我对这场比赛准备不足，我本应该像对待世界冠军赛那样进行准备，至少需要 2 到 3 个月备战，而不是仅仅 10 天。如果这是一场正常的比赛，我敢说我能打败它。"

卡斯帕罗夫在比赛开始时有些轻敌，后来情绪又有些波动，这一点从卡斯帕罗夫在比赛中的情绪反应即可看出。作为人，他会因棋盘出现阴影而生气，他会因输棋而情绪沮丧。而计算机则不会，计算机的速度和容量是没有限度的，不会为输赢而有所改变。

## "深蓝"高挂免战牌

卡斯帕罗夫在败于"深蓝"后，立即向这台超级计算机发出了挑战。但是"深蓝"要退役，不再进行国际象棋的比赛，卡氏"复仇"的愿望不能实现了。

卡斯帕罗夫对"深蓝"的退役十分失望，而"深蓝"显然并不在乎输赢，它只是用来执行任务，人类让它干什么，它就干什么。它没有个性（设计小组策划的除外），虽然它也可以模仿某些理性，但是，它毕竟是人类的奴隶。

IBM 决定"深蓝"将不再对卡斯帕罗夫的挑战作出应战的答复，而由一台命名为"小深蓝"的计算机接"深蓝"的班。一位 IBM 的女发言人说："'深蓝'还同时担负着其它一些领域的科研任务。例如，科学家们还需要它对气象预报、民航航班安排以及化学分子活动模拟等进行'人工智能'处理。"

目前"深蓝"接到的一个任务是帮助（美国）全国篮球协会各球队改善球技，它可用来分析复杂的隐性的数据模式，以设计比赛战略。

"深蓝"的另一个任务是承担整理数以百万计的陈年病历，例如从各类癌症或艾滋病病例的分析中，也许会找出治愈疾病的方法。征服艾滋病病毒的某个重要线索，也许就深藏在患者的病历卡中。

"深蓝"超级计算机的另一项任务是在计算机上研究化学反应。分子之间的化合有产生无穷无尽化合物的可能，如果在实验室里进行要花费很多的时间，计算机将各种分子进行组合，其效率远高于科研人员用试管进行化合。计算机可检查这些化合物的化学性质，找到合适的产物。计算机还可以检索人类基因组蛋白等。超级计算机还能对复杂市场、金融模式设计及风险分析进行评估，以提出决策。

在探索宇宙奥秘上，美国探路者号宇宙飞船控制系统使用的计算机，与战胜棋王卡斯帕罗夫的超级计算机"深蓝"型号相同。美国航空航天局看中了它，并将某些程序修改后，用在探路者号上，为登陆火星做出新贡献。装在探路者号上的超级计算机负责保证宇宙飞船安全降落火星，包括指挥系统打开降落伞，为包裹在漫游者号探测车外面的气袋充气、发动机点火等。超级计算机控制并维持探路者号与地球的通讯联系，不断地将火星图像传回地面控制站。

# 计算机的未来

## 神经网络

计算机虽然一直被人们称为"电脑"，尽管计算机在某些领域里比人高明，但它毕竟与人脑差别甚远。人脑是由数百亿个神经细胞（神经元）构成的，每一个神经元都能与其他神经相连结并协同工作，从而构成了一个极为复杂的神经网络。

人的所有思维过程，包括对信息的摄取、组合、传递和输出，都是在这个神经网络中进行的。在人脑的神经网络中，信息的存贮是通过神经元的突触来实现的，人们在回忆往事时，往往可以从部分残留的记忆中回忆出全部信息来。在现有的计算机中，信息存贮是按地址存贮的，一旦存贮器受损，相应的信息就会全部失去。

在研究人脑的结构、功能时，科学家正在致力于研究开发新一代计算机，使这种新型计算机能具有像人脑一样的某些功能，这种新型计算机叫神经网络计算机。科学家们设想，可以仿照人脑皮层中的网络模块来设计神经网络电脑，也就是说，尽管神经网络电脑类型多种多样，但其基本结构都是按照层次进行排列的。典型的神经网络模型由3层单元构成：一层是输入单元，一层是隐匿单元，一层是输出单元。这些单元之间的关系是：输入单元与隐匿单元连接，隐匿单元与输出单元连接，在这些单元当中，隐匿单元起着主要作用。

要实现这一点，关键在于研制具有人脑神经网络某些功能的人工神经网络。目前，科学家正试图以光、电、分子技术和现有的材料来构筑类似于人脑神经网络的系统——人工神经网络，以真正实现对人脑某些功能的模拟。

20 世纪 80 年代以来，随着高新技术的不断发展，人工神经网络的研究发展得很快。科学家已开始着手研制人工神经网络芯片，让电脑来模拟人脑，为进而研制神经网络计算机创造条件。

目前，人们主要是将人工神经网络芯片与现有的通用计算机相结合，再让它们经过一定数量的样本学习，使其具有处理特定问题的能力。现在已有这样的范例，只要给它们"学习"一小段巴赫的曲谱，就能很快"创作"出与巴赫风格类似的作品，且有自己独特的"即兴发挥"，这已不是"天方夜谭"的事了。

美国已研制出一种可以朗读英语课文的神经网络芯片，把芯片装在普通计算机上，只要对它训练 12 小时，其发音准确率就可达 95％以上，即使不加训练，其准确率也可达 80％左右。

研制人工神经网络芯片乃至神经网络计算机的目的是要让计算机学会进行"形象思维"，让电脑理解人的语言，识别模糊对象等，以代替部分人的工作。

例如，英国研制出的神经网络芯片能通过摄像机识别人的脸孔，仅需 40 秒种。又如，在邮电局中快速识别手写的邮政编码；在飞机场上对行李扫描监视，自动跟踪与识别飞行目标；在医院里自动进行药效检测、脑电图的分类、DNA 序列的分析、某些疾病的早期诊断等。

## 模糊但不糊涂

数学的一个重要特点就是精确，而且精确程度越高越好，这似乎是常识。迄今为止的电子计算机采用数学语言都是由"0"和"1"这两个数码构成的。这种"0"、"1"两值逻辑体制对计算机而言，具有两大优点：一是精确，二是硬件容易实现（只需两种状态即可）。但事物总是具有相对性的，有一些事情不可能说得十分精确，如颜色深浅、天气冷暖、思维快慢等。特别是在涉及到人的因素和人文科学时更是如此。我们可以用"笑容可掬"来形容一个售货员，但是无法说出她笑到了什么程度。一个双胞胎长得很像，到底像到什么程度？这样的信息较难被计算机处理，有时甚至使计算机无能为力。

为了处理这类问题，模糊数学于 1965 年应运而生。美国自动控制专家查德首先提出用"模糊集合"来表现模糊事物的设想。

对上述这类模糊事物，不能只用"1"（是）或"0"（非）两值逻辑来处理，还要用介于 0 与 1 之间的小数来解答，这是一种连续值逻辑，亦称模糊逻辑。

模糊数学使计算机能仿效人脑对复杂系统进行识别与判断，提高自动化水平。科学家已经设计出可供电子计算机使用的模糊语言，现在在洗衣机、空调等自动控制的机器上已经使用了模糊技术。

模糊计算机是实现第五代计算机即人工智能计算机的一个重要研究方向。

# 电脑之后看光脑

电子计算机自 1946 年诞生以来，已经历了电子管、晶体管、小规模集成电路和大规模集成电路四代发展过程。目前，最先进的电子计算机与人脑相比较，在逻辑判断、识别事物和推理能力方面还差得很远，其中一个重要因素就是电脑的工作速度太低。

顾名思义，电子计算机是用电子器件构成的计算机。电子计算机是在电子器件及其构成的线路中利用电信号进行运算、传输、存贮和处理信息的，一般来说，电脑的速度主要取决于每个开关器件改变状态所需要的时间。

目前开关速度最快的电子器件，其开关时间也难小于十亿分之一秒，就是说，电脑的工作速度受到开关速度的限制。

人们想到用光来代替电。人类用光来传递信号由来已久，光子比电子轻巧，激光技术的迅猛发展启示了人们：能不能制造出利用激光来传送信号的光学计算机？光学计算机又被称作"光脑"，光脑是在光学元器件及其组成的线路（俗称"光路"）中利用光信号来完成电子计算机的各项功能的。从理论上讲，光学计算机的运算速度每秒可高达一万亿次，存贮容量可达一百亿亿二进制信息位。

自从 1969 年美国麻省理工学院的科学家揭开光学计算机研究的序幕以来，各国科学家都进行了大量的探索和研究，并取得了不少成果。目前，世界第一台光脑已由欧共体的英国、法国、比利时、德国、意大利的 70 位科学家研制成功，其计算速度比电脑快1000 倍。

有趣的是光脑和人脑类似，有容错性。人脑的最大优点是，不会因为部分大脑细胞坏了而不工作，实际上我们的大脑每天都有大量的脑细胞死去。而电子计算机则不行，有一个零件坏了或程序中有一个小错误都不能正常运行。有趣的是光脑系统中某个元件损坏了或出错了，不会影响计算的最终结果。

光脑还可以克服电脑的一大痼疾——内部过热，特别是巨型机，由于集成度高，电器元件密集，集成电路的内部热度很高，而一台光脑所需能量比电脑小得多。21 世纪将是光脑的时代，日新月异的光纤通信技术与光学计算机结合起来，则将开辟出更多新的应用领域，从而对人类社会产生巨大的影响。

# 生物计算机

电子计算机发展的另一个限制是集成电路芯片的集成度很难再提高，现在指甲盖大小的面积上已经能安装上百万个晶体管，再增加是很困难的，必须想别的出路。

我们知道，蝙蝠是用超声波来进行定向的，然而人类制成一台这样的超声定向仪，其体积却要比蝙蝠大上许多倍。生物体的这种高效能和超小型使科学家获得启发：能否也用有机物来制造计算机呢？

大家知道，电子计算机最基本的构件是开关元件，正是由这千百万只开关组成的电路显现出各种奇妙的功能。电子计算机传送信息的"语言"归根结底只有"0"和"1"两种，恰与"关"和"开"相对应。可以想象，只要具备"开"和"关"功能的东西都能用来做计算机。

科学家发现，一些半醌类有机化合物存在两种电态，即具备"开"、"关"功能。并且还进一步发现，蛋白质分子中的氢也有两种电态，因此，一个蛋白质分子就是一个"开关电路"。从理论上讲，用上述物质作为元件，就能制造出半醌型或蛋白质型的计算机，由于有机分子往往存在于生物体中，所以有机计算机也称作"生物计算机"。

基于有机分子构成的生物化学元件的特殊性，从而使有机计算机具有三大显著优点：

1. 体积小，功效高。以分子水平的线路为目标的生物化学元件其大小可能达到几百埃（$10^{-8}$，cm），1 平方毫米的面积上可容数亿个电路，比目前的电子计算机提高了上百倍。

2. 使生物本身固有的自我修复机能得到发挥，这样即使芯片出了故障也能自我修复，所以有机计算机具有半永久性，可靠性很高。

3. 从根本上来说，由有机分子构成的生物化学元件是利用化学反应工作的，所以只需很少能量就可工作，不存在发热问题。

有机计算机目前也正处于研制阶段，一旦制造成功，将使现有的一切电子计算机大为逊色。

20 多年前，英国作家克拉克在其出版的一部名为《超级大脑》的科幻小说中，描述了一台叫做"哈尔"的超级智能型计算机熟练地操纵着一艘宇宙飞船驰骋在茫茫太空之中，它能沉着冷静地处理各种意外，有条不紊地完成各项预定计划，大步地跨越着时空。人们正翘首以待，愿这美好的幻想能够成真。

## 脑内电脑不是梦

许多科幻作品总是对未来世界充满了忧虑。科幻小说家克拉克在他最新出版的《3001 年：最后的奥德塞》这部小说中，描述了人类的精神和思想被计算机控制的故事：一个名叫"思想捕捉器"的芯片，移植人脑中，芯片中事先已输入了某些程序，被植入这种芯片的人思想和行为都会被别人控制，从而失去原来的本性，成为冷酷无情的人。科幻电影《终结者》和《机器警察》中那些半人、半机，冷酷无情的杀手让人们感到惊恐。

目前，此类科幻已成为现实。德国的科学家们已经在一个硅片上培育成功一种与人类的神经细胞极为相似的老鼠的神经细胞，且能将神经细胞的电子脉冲信号传到特制的传感器上。已经取得的成果证明，从理论上说，将人类的神经细胞与超微型的硅片联结起来是可行的。

科学家已经掌握了电脑芯片与神经末端的融合方法，这就是说，可以通过手术的方法，把一块电脑芯片植入大脑内部，直接和人脑连接在一起，成为"脑内电脑"了。脑内电脑，是指那些植入人脑里面的可由人脑自由控制的电脑芯片。芯片安装在人的脑壳底部神经中枢之外，芯片通过神经束能使人脑与芯片发生密切的联系。人脑所产生的每一次思维，都会在大脑的500多亿个神经细胞中留下电子活动轨迹，这些轨迹也都会毫无遗漏地在电脑芯片上反映出来，从而被芯片里的接收器所接纳，并在电脑屏幕上显示出来。电脑对收到的信息进行处理之后也迅速通过发送器向人脑反馈，对人脑发出种种指令，从而在人脑和电脑之间架起一座"金桥"，使人脑和电脑息息相通。

人类的大脑虽然非常优秀，但在诸如记忆等领域却比电脑逊色。"移植在大脑内的电脑芯片用来做记录电话号码、确认人的面孔之类的事非常有用，如果我们真的能够把人脑的优点和电脑的长处结合在一起的话，那真是太好了。"汉弗雷斯教授说。

不过，德国科学家们进行的这项研究引起了极大争议。英国剑桥大学物质科学教授汉弗雷斯说："就像过去已经取得成功的所有的科学技术一样，任何科技的发展都是既可以被用于造福人类，也可以被用于破坏人类。我希望这种研究只用于医学。首先，这种技术

应该被用来替代病人大脑内那些被损坏的细胞，对于老年人的脑退化来说这不失为一个福音，此外这种技术还可以用来扩张人类的智能。"

针对张海迪高位截瘫，就有小朋友幻想用植入电脑芯片的办法来帮助她恢复行走能力。高位截瘫是脊椎神经受到了损坏，如果能用一块电脑芯片帮助脊椎神经恢复和大脑的联络，海迪不就能重新走路了吗？

最近，美国加州斯坦福大学格雷格·科互克斯教授领导的研究小组在老鼠身上进行的试验十分令人瞩目：植入老鼠体内神经系统的电脑芯片已经使老鼠的假腿产生"知觉"，老鼠已经能够随心所欲地通过电脑芯片指挥这条假腿，使其动作灵活自如，并且与其它3条真腿的动作协调一致。这个试验的成功，使科学家们对"体内电脑"的前景充满了信心。

如果这一研究完全成熟的话，还可以帮助盲人们"看到"东西。科学家把超微型电子芯片置入20位盲人损害了的视网膜内，这些盲人说，在电子信号的刺激下，他们已经能看到一些简单的轮廓了！

人们有充分的理由深信，经过科学家们艰苦卓绝的努力，电脑不仅是人们一种得心应手的工具，而且会变成人体内部一个不可或缺的部分，它将使人类变得更聪明、更卓越、更才华横溢，使人类更加无愧于"万物之灵"这个世界上最崇高的称誉。